卷首语

近期，北京、上海、广州、沈阳等国内重要城市，都陆续出现了一系列典型的产业建筑改造和再利用的设计实践活动。作为工业遗产的产业建筑，其保护与再利用逐渐被人们所关注，如北京的"798艺术区"、上海世博会规划、沈阳铁西区产业建筑保护与再利用等。人们逐渐意识到：产业建筑在城市发展历程中具有不可替代的历史地位，作为物质载体，产业建筑及地段见证了人类社会工业文明发展的历史进程，它们是城市不可缺少的构成部分，其在今天的去留，需要我们审慎对待。

相比北京、上海、广州等历史悠久的城市，深圳是一个年轻的城市，因此，在深圳与其说是"工业遗产"，实际上更应该说是"工业记忆"。2007年1月28日，当深圳OCT-LOFT华侨城创意文化园揭开序幕后，深圳原本建造质量不高、等待被铲平的厂区，却因其无可比拟的普通性与适应性，成为深圳第一个利用旧厂区改建的创意产业园。对此，《住区》本期进行了"深圳OCT-LOFT华侨城创意文化园"的特别报道。

这一系列中国城市产业建筑改造和再利用的实践活动都折射出我国经济的发展以及产业结构的调整。我国未来产业结构有从"二三一"转向"三二一"模式的趋势，这一变化对城市的结构、功能、布局将产生巨大的影响。借鉴国外的经验，工业建筑遗产的再利用不论是空间上还是精神氛围的营造上都能为这种模式的转变提供一个强有力的支撑。

2006年的"4·18"国际古迹遗址日活动的主题，也正是"重视工业遗产，提高对其价值的认识，并对工业遗产采取保护措施"。

《住区》本期主题拟探讨产业建筑的保护与再利用，在今日旧城改造如火如荼的中国城市，对于20世纪数量最大的建筑遗产——产业建筑而言，无疑具有一定的意义。

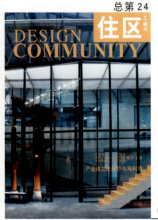

图书在版编目（CIP）数据
住区.2007年.第2期/《住区》编委会编.
北京：中国建筑工业出版社，2007
ISBN 978-7-112-09177-5
I.住... II.住... III.住宅－建筑设计－世界
IV.TU241
中国版本图书馆CIP数据核字（2007）第045188号

开本：965×1270毫米1/16　印张：7/2
2007年04月第一版　2007年04月第一次印刷
定价：36.00元
ISBN 978-7-112-09177-5
(15841)
中国建筑工业出版社出版、发行（北京西郊百万庄）
新华书店经销

利丰雅高印刷（深圳）有限公司制版
利丰雅高印刷（深圳）有限公司印刷
本社网址：http://www.cabp.com.cn
网上书店：http://www.china-building.com.cn
版权所有　翻印必究
如有印装质量问题，可寄本社退换
（邮政编码 100037）

目录

特别策划 — Special Topic

深圳OCT-LOFT华侨城创意文化园
OCT-LOFT Creative Cultural Park, Shenzhen

06p. 先锋想像：打造国际一流创意园区
"原创力——中国创意园区发展的路径选择"学术座谈会实录
Pioneering Imagination:
Developing Internationally Leading Creative Industry Park
《住区》 Community Design

10p. 深圳OCT-LOFT华侨城创意文化园规划设计
The Design of OCT-LOFT Creative Cultural Park, Shenzhen
都市实践 URBANUS

20p. 普适与创意
——深圳OCT-LOFT华侨城创意文化园首期入驻机构
Universal and Creative
The Primary Resident Institutions of OCT-LOFT Creative Cultural Park, Shenzhen
《住区》 Community Design

主题报道 — Theme Report

40p. 城市工业废弃地更新的整体策略
Strategies on Renewal of Deserted Urban Industrial Land
刘抚英 Liu Fuying

50p. 德国当代工业遗产再利用一瞥
Reutilization of Industrial Heritages in Germany
张宁 孙菁芬 Zhang Ning and Sun Jingfen

54p. 德国后工业景观改造的研究与实践体会
Research and Practice on the Renovation Post-Industrial Landscape in Germany
王晓阳 Wang Xiaoyang

62p. 产业地段的创意再造，多元价值的综合平衡
——以常州市国棉一厂改造概念规划为例
Creative Regeneration of Industrial Land, Synthetic Balancing of Plural Values
Concept renewal plan of Changzhou No.1 Cotton Factory
王建国 蒋楠 王彦 Wang Jianguo, Jiang Nan and Wang Yan

建筑实例 — Projects

68p. 德国汉堡"Fabrik"工厂改建
Renovation of Fabrik Factory, Hamburg, Germany
张宁 孙菁芬 Zhang Ning and Sun Jingfen

70p. 德国汉堡"Zeisehalle"媒体中心
Zeisehalle Media Center, Hamburg, Germany
袁珏 Yuan Jue

住区
COMMUNITY DESIGN

CONTENTS

74p. 德国杜伊斯堡内港改造项目　　　　　　　　　　　　孙菁芬　张　宁
Regeneration of Inner Harbor in Duisburg, Germany　　Sun Jingfen and Zhang Ning

78p. 德国杜伊斯堡北部景观公园项目　　　　　　　　　　　董莉莉
Northern Landscape Park, Duisburg, Germany　　　　　Dong Lili

80p. 澳大利亚悉尼渥石湾码头区改造　　　　　　　　　　　赵　婧　王建国
Adaptive-reuse for the Walsh Bay Wharves, Sydney, Australia　　Zhao Jing and Wang Jianguo

88p. 澳大利亚墨尔本港区改造和产业建筑再利用　　　　　　杨　宇　王建国
Melbourne Harbor Area Regeneration　　　　　　　　　Yang Yu and Wang Jianguo
and Industrial Building Reutilization, Australia

94p. 历史的激发与磨灭　　　　　　　　　　　　　　　　高　莹
——一个记忆场而非一个旧厂房　　　　　　　　　　Gao Ying
Inspiration and Obliteration of History
An Old Factory, yet a Place of Memory

住区调研　　　　　　　　　　　　　　　　　　　　　Community Survey

100p. 瑞典健康住宅的社会决策　　　　　　　　　　　　　早川润一
Social Decision-Making on Healthy Housing in Sweden　　Junichi Hayakawa

住宅研究　　　　　　　　　　　　　　　　　　　　　Housing Research

108p. "历史地段"　　　　　　　　　　　　　　　　　　王红军
——美国城市建筑遗产保护的一种整体性方法　　　　Wang Hongjun
"Historical District"
A General Method of Urban Architectural Heritage Protection in U.S.A

海外视野　　　　　　　　　　　　　　　　　　　　　Overseas viewpoint

112p. 通过建造学习建筑　　　　　　　　　　　　　　　　范肃宁
——Studio 804的建筑实践　　　　　　　　　　　　Fan Suning
Learning Architecture through Building
Architectural Practice of Studio 804

封面：深圳OCT-LOFT华侨城创意文化园

中国建筑工业出版社
联合主编：清华大学建筑设计研究院
　　　　　深圳市建筑设计研究总院
编委会顾问：宋春华　谢家瑾　聂梅生
编委会主任：赵　晨
编委会副主任：庄惟敏　孟建民　张惠珍
编　　委：（按姓氏笔画为序）
　　　　　万　钧　王朝晖　白德懋
　　　　　伍　江　刘东卫　刘晓钟
　　　　　刘燕辉　朱昌廉　张　杰
　　　　　张华纲　张守仪　张　颀
　　　　　张　翼　林怀文　季元振
　　　　　陈一峰　陈　民　金笠铭
　　　　　赵冠谦　胡绍学　曹涵芬
　　　　　董　卫　薛　峰　戴　静
名誉主编：胡绍学
主　　编：庄惟敏
副 主 编：张　翼　叶　青　薛　峰
执行主编：戴　静
学术策划人：饶小军
责任编辑：戴　静　王　潇　费海玲
美术编辑：付俊玲
摄影编辑：张　勇
海外编辑：柳　敏（美国）
　　　　　张亚津（德国）
　　　　　何　崴（德国）
　　　　　孙菁芬（德国）
　　　　　叶晓健（日本）

特别策划
Special Topic

深圳OCT-LOFT华侨城创意文化园
OCT-LOFT Creative Cultural Park, Shenzhen

- 先锋想像：打造国际一流创意园区

  Pioneering Imagination: Developing Internationally Leading Creative Industry Park

- 深圳OCT-LOFT华侨城创意文化园规划设计

  The Design of OCT-LOFT Creative Cultural Park, Shenzhen

- 普适与创意

  Universal and Creative

先锋想像：打造国际一流创意园区
"原创力——中国创意园区发展的路径选择"学术座谈会实录
Pioneering Imagination: Developing Internationally Leading Creative Industry Park

《住区》 Community Design

主办单位：深圳OCT当代艺术中心、华侨城地产
会议时间：2007年1月28日上午
会议地点：深圳OCT当代艺术中心书吧
主 持 人：世联地产（中国）顾问公司董事长 陈劲松
座谈嘉宾：
深圳市规划局副局长 王幼鹏
深圳市文化局副局长 尹昌龙
华侨城集团副总裁、华侨城地产总裁 陈剑
深圳市特区文化研究中心主任 陈新亮
《深圳商报》编委、文艺副刊中心主任 胡洪侠
艺术家 姚永康
广州王序设计公司创始人 王序
香港高文安设计公司创始人 高文安
都市实践设计公司合伙人 孟岩、刘晓都

主要议题：
1."工业遗产"（肩负特定历史使命并留下时代印记的厂房建筑）如何在现代化中实现有机的延续和保护；
2.中国创意产业园的几种发展形态比较；
3."原创力"的形成机制；
4."原创力"如何影响城市人文品位和城市品牌营造；
5.当代艺术在"原创力"和全球化中的推动作用；
6."OCT—LOFT华侨城创意文化园模式"探讨（历史/成因/人文/艺术等）；
7."创意、设计、艺术"多元层面的"原创力"生态链条分析等。

陈劲松：创意是创造性的发展，而且要创造性地解决问题。今天论坛的关键词是当代艺术、原创力、创业园区、工业遗产、产业发展。我觉得一个时代的重大意义在于对时代创造性的提问，而且对这些问题要提出创造性的解决方案和路径。这个时代最重要的问题是什么？创意园区希望对这个问题提出解决方案。我们知道现在这个时代的重大问题是我们发展的延续性，还有我们面临的商业的缺失。第三个问题是我们没有传统了，把传统抛弃了，我们处在一个热热闹闹的社会环境中，不知道我们的目的在哪里，我们的彼岸在哪里，还有我们面临小康之后整个时代和国家该干什么。另外还有怎样面临大国崛起的文化的不匹配。这些重大问题之下，我认为华侨城创意文化园的诞生具有标志性的意义。

陈剑：到底这个园区的目的是什么？最早我们提出这个问题是根据深圳这个城市的发展而来的。大家都知道，深圳是改革开放的一个实验地，创业初期的时候我们是模仿"蛇口模式"，是以工业为主的开发区，这个地方原来叫华侨城东部工业区。大家都知道深圳的转型从20世纪已经

开始了，大量的工厂已经搬迁到关外，我们现在的很多厂房都是在20世纪80年代中期遗留下来的，也面临着城区的调整和功能的改造。原来的区域都是来料加工的工厂，它们建造的质量并不是很高。因为发展之初的时候我们国家的经济也是刚刚起步，所以都是一些标准不是很高的厂房。是把它们拆掉？还是做一个新的住宅区或者是新的商业设施？选择后者从经济效益上来讲，可能对一个企业是比较好的。

深圳作为一个只有26年历史的城市，应该还是留下了一点东西。像这样一个破旧的厂区怎么样改造，我们当时也在思考这个问题，后来我们也因为华侨城一直对文化产业有持续的投入。大家知道，何香凝美术馆作为国家级的美术馆就是这样的。我们希望把文化产业作为企业发展的一项重要内容，所以这样联系起来就想把这一块做成深圳创意产业园区。我们去国外看一些改造比较成功的例子，希望从中吸收一些东西：把原来破旧的工厂区变成一个城市最有活力的区域。国外也有很早的文化园区，先以很低的租金吸引一些艺术家过来，然后变成一个非常好的区域，它当时依托的就是一个艺术学校，艺术学校也是用厂房改造的。我们当时在策划这里的时候也考虑要在这里做何香凝美术馆的一个展场，因为何香凝美术馆的空间太小了，所以就选择一些旧的厂房进行改造。我们以OCT当代艺术中心开展很多的活动来吸引一些做创意的艺术家和设计师，这个想法是从2004年开始的，经过两年多的运作，到今天下午正式开园，应该是初步达到了我们预期的目的。但是接下来怎么走也有困惑，因为有找我们要厂房的也很多，我们先用5万m²做实验，好像有点供不应求。我们后期还有几万平方米的厂房，到期之后我们都会将它们进行改造，争取把该地改造成深圳创意集中的区域，也是非常有活力的区域，并发展成为国际一流的创意园区，这也是我们所希望的。

陈新亮：现在关于创意文化园区的事很多人都谈，我觉得这个概念很重要。有文化不一定有创意，有创意不一定是文化，文化创意产业应该是文化和创意的结合。

对只有20多年历史的深圳来讲，历史遗产非常重要。一个没有历史的城市是没有灵魂的城市。华侨城创意文化园把旧厂房搞成现在设计的场所，在设计和规划的时候尽可能留下历史的烙印，我觉得这个是非常有意义的。

一个产业需要完善的链条，产业集群在经济学界现在是一个比较新的议题。我们要考虑这个园区主导的产业是什么，关键的链条会对整个园区的发展有帮助。

尹昌龙：如果说前10年华侨城在对文化的开发上走的是类似于广场的发展路子，用绚丽的色彩和烟花，以及狂欢来吸引大家的眼球和注意力，前10年文化开发的典型模式让文化成为了旅游；那么到了后10年，我觉得模式发生了变化，对废旧工业园区的使用和设计，我觉得这个模式更像是一种先锋想像。通过用先锋想像来带动这个地区的发展，并产生新的活力。比如这个地方原来是搞业务的，现在搞接待，就叫"挪用"。"挪用"的最大特点是让意义发生了改变，这个是现代文化史和后现代文化史的特点，使意义产生增值，通过意义增值转化成经济，是这样一个生产流程。

"挪用"在当今如何成为可能？这个是我们经济全球化面临的问题，经济全球化之后我们关注的是商品的流程。想当年马克思也讲过，他已预测到经济的全球化会使一些地区的文化瓦解。到后来经过一批文化研究的发展，这个发展最伟大的贡献在于他发现在经济全球化的背后是文化的变化——文化在全球流通。从来没有见过文化符号大规模在全球范围内被使用、改变和改写，很多东西增加了新的意义。那么，在这个情况下所有的这些文化符号的跨地域、跨时空的流动具有了可能性。

以前的"挪用"是从空间意义上讲，事实上前10年中最成功的就是把一系列文化的符号通通复制，复制最大的特点是把原有的物质平面化，外表的现象就是带来了一个仿佛的效果。比如从民俗村到世界之窗，就是在全球的范围把文化的符号"挪用"过来，使我们这个资源贫乏的城市变成了一个有文化的大城了，我们仿佛是文化的中心。这个是文化"挪用"的幻觉。华侨城通过复制来"挪用"符号，以完成这个过程。

今天我们讲华侨城前后10年文化变化的时候，它的后10年不是空间意义上的"挪用"，而是时间意义上的"挪用"，就是对旧有的埋藏在时间深处的"挪用"。比如华侨城酒店，就是把当年的外墙留下来了，是对时间意义上的符号"挪用"。今天对旧厂房的"挪用"也是对时间符号的"挪用"。刚才提出的改造，实际上就是"挪用"。这个"挪用"的最大变化就是你重新生产意义——正确的是先锋的想像和文化的差异性，通过少数的想像带动这个地区文化的生长。这个是今天华侨城用的一个"挪用"的策略，是把时间深的东西用"仿佛"的手段打捞出来。这种"挪用"的文化在特点上和"俗套"的文化有一个区别，从一开始是走高端的路子，这个高端的路子是通过少数人带动多数人。如果说华侨城前10年是走使文化成为旅游的路子，那么后10年的路子就是让文化成为生活。这个当中其实有很多的城市都在通过对废旧东西的拯救来完成新的生产的过程。这个就是我们新的"创意模式"。

我想在未来10～20年，"挪用"一定还是深圳的策略。这个策略是为了解决深圳物质性文化资源的匮乏。我们"挪用"的是大量的文化符号，我想这个是整个城市增长的过程。那么这个"挪用"变化包括我们对自身旧资源的"挪用"和对时间深处文化资源的"挪用"，这个是华侨城展现出来的充满活力的想像。

高文安：非常谢谢华侨城地产给我这个机会谈这个话题，我希望能够尽量把历史的东西保留下来，所以围墙一点都没被改动。虽然是破破烂烂，但我觉得越破烂，越有文化历史的味道。我喜欢这个地方就是因为这里是一个大棚，什么都没有，不像北京、上海的园区，已经有一个固定的风格。但是华侨城创意文化园就像一个干的海绵，放什么进去，可以自己发挥。

我万万没有想到，我的办公室开放的时候，很多的朋友和设计师看了之后，他们说："高老师，就是两个字——震撼"！

我还有一个概念是希望推动中方的文化，将来计划在华侨城开一家面馆，把这个民间的东西带过来，引起大家对中国民间的兴趣，也让他们增强自己的自信心，对中国的文化有一个认同。我们现在当然希望挪用西方的东西，但是也希望挪用中国自己的文化，有文化沉淀的东西都挪用过来。

刚才的讨论中提到了两个字"粗糙"，就是我们整块华侨城创意文化园在手艺方面也是比较粗糙的，但是如果是计划好的粗糙就是一种美、一种艺术。所以我们希望在华侨城创意文化园有一种粗糙的美，并把这种美延续下去。有时候我和同事说笑："你们每天过来都是来玩的"，每天早上9点过来，12点吃午餐，下午3点喝红酒，7点钟就要到健身房了。

姚永康：华侨城创意文化园对我们很有吸引力，也很有振奋力。我认为真正的深圳对于世界、对于中国还是应该有"创意"。我们希望华侨城创意文化园能够提升大家的创意，从"挪用"的阶段走出来，进入一个"创意阶段"。这个是我们的目标，它对深圳文化建设的转型是很重要的。我认为创意很重要，但是我们怎么样做创意？我觉得深圳的生活水平非常高，设计人员是走在创意的前面，完全有能力创意出最好的作品。我们搞雕塑的也凑一下热闹，我门口摆的两个雕塑，一个是我做的"时代"。我认为我们这个时代是自重的时代。我们现在开放了、发展了，如果不自重，怎么继续发展呢？

王序：关于"OCT-LOFT华侨城创意文化园"这个概念我觉得非常有意思，因为它借鉴了包括纽约的一些艺术家工作和居住的地方。跟着下来就是中国发展后，得到一种借鉴之后，798这个地方也是艺术家扎堆的地方。

我觉得华侨城创意文化园的定位非常好，和798不一样，它是把定位放在创意产业这一块。因为深圳市政府一直在倡导"设计之都"的概念，所以像我们这些做平面设计的有很大一部分都是集中在深圳。华侨城创意文化园就是定位在创意、产业文化，我觉得非常到位，因为它与众不同，我个人觉得它具有原创的概念。

我是平面设计师，我把这些东西带出来是为了讨论华侨城未来艺术和时尚的关系。我觉得时尚和未来艺术关系最重要的一点是由艺术家来撮合这个事情。作为设计师，在未来对OCT-LOFT华侨城创意文化园的定位方面如何更好往下发展。除了自己本身的定位要非常准确之外，在未来能不能有更加独特的自己的风景，并且在未来的产业设计里面能不能凸显出来。

胡洪侠：我想起学者说的一句话，说我们在讨论"工业遗产"的时候一定不能够老是想到宏大的部分。因为遗产和每个人的生活都密切相关。他说，如果我们也能够成为一种遗产的话，那工业遗产就是我们记忆的一部分。我觉得这句话说得特别让人深思，也让人伤感。所以我觉得如果谈一下工业遗产的话，还是可以稍微讲一下。深圳人谈"工业遗产"和英国人、法国人谈"工业遗产"完全不是一回事，起码现在不是一回事。我们的工业化比英国、法国落后了200年，中国谈的"工业遗产"还是从文物保护角度，这个和深圳谈的不一样。为什么？如果把"工业遗产"算上的话，深圳像一个大的三明治，很厚的一面是农业文明，很强的一面数字文明，它们中间的过程非常短和混杂。

但是我觉得与其说是"工业遗产"，实际上更应该说是"工业记忆"。所以我觉得深圳如果也加入保护和传承工业遗产的话，那主要工作就是在现有的工业厂房的基础上我们如何创造遗产。华侨城是让人尊重的，在文化产业方面，在保护非常薄弱的传统方面都表现了他们的一种文化情怀；而且非常重要的是这个是他们企业的自主创新行为，没有政府的任何强制和要求。现在中国的文化保护还是处在政府的倡导阶段，而在深圳有一些企业自己作了尝试，这个应该是值得关注的。

我觉得我们的记者可以在这里设一个记者站，可以持续关注OCT-LOFT华侨城创意文化园的发展，持续关注它的成长。

王幼鹏：如果说文化产业达到创意的话，应该是在生活物质基础达到一定的情况下产生的，文化的进步和经济是同步的。经过20年之后，我们的物质生活达到了一定的程度，要追求一种文化的需求，到今天我们设计师的脑袋发挥作用了。

华侨城地产实际上是在推动这个行业，在我们大家共同促进行业发展的同时，对我们的文化、对我们的生活拥有更深入的体会并促进其发展。而从租金上进行选择：你想给钱低不让你来，你给钱高我也不让你来，我们只让特定的群体来，但是做到这一点很不容易，如果想追求利益最大化，干脆推倒了建房子，但是不排除要有社会责任感。

孟岩、刘晓都：从建筑学的意义讲，厂房本身没有那么高的建筑价值，很重要的一点是，实际上它是在一定的利益阶段产生的经济、适用的一种东西。我们也想通过这个实践在短时间内快速推行我们相应的策略，让它不断改变，实际上我们的想法也在一直跟着改变——不是说一次全部搞定，而是在厂房改造中不断添加。

华侨城有中高产业的集中，现在的华侨城更像一个城市，好的、差的、精致的、粗糙的都有，都不是相似的。我想这个是华侨城今后10年的发展目标。

从城市的角度看待问题，哪怕是最小的东西也从城市的角度看。因为这个项目对我们来讲，从经济的角度不是真正的项目，但是从设计和文化意义的角度是一个非常大的项目。我们用了两年多的时间，一直在考虑，一直在作努力；一直在想工业遗产的意义是什么。如果我们插入、引入一些另外的相对比较另类的人介入的话，我觉得对这个区域的发展是很有意义的。

从设计的角度讲，它应该是属于经济上的弱者，但是在文化上是一个强者。我觉得华侨城做的创意产业园区和其他地方的完全不同，华侨城是由一个业主控制、开放的园区。从某种意义上讲是没有特色的，是没有任何性格的东西。只有你进入这种没有性格的东西之后，才能看到人的性格。你进入每一个公司，每一个公司都可以有自己的性格，有非常好的环境来彰显你自己的性格，那么创意的意义就得到凸显了。

我们想到的一个词是"代用品"。这个意义是什么？其观念本身就是告诉大家这个厂房不是永久性的，它本来就是临时的，它永远也是临时的，我们把它改造之后也是临时的。但是10年以后是什么样子？这个要看我们整个城市的持续发展。

（根据嘉宾发言整理，排序不分先后）

1~4. 深圳华侨城原东部工业区厂房实景
5. 深圳OCT-LOFT华侨城创意文化园规划轴测图
6. 深圳OCT-LOFT华侨城创意文化园规划图

深圳OCT-LOFT华侨城创意文化园规划设计
The Design of OCT-LOFT Creative Cultural Park, Shenzhen

都市实践 URBANUS

一、范畴——华侨城的"异质空间"

OCT-LOFT华侨城创意文化园位于深圳华侨城原东部工业区内，项目首期占地55465m²，原有建筑面积为59000m²；后备发展用地面积95571m²。目前首期项目改造基本完成，后期项目改造将在2007年内启动。该项目通过对部分工业建筑进行重新定义、设计和改造，营造出一个呈现出鲜明后工业时代特色的新型工作、生活空间，为活跃在珠江三角洲和港澳台的文化人、设计师、先锋艺术家提供一个创意工作场所，并吸引文化创造与设计企业的进驻，使该区域逐步发展成为画廊、艺术中心、出版、演出、艺术家工作室、设计公司以及精品家居、时装、餐饮酒吧的聚集地，提高华侨城的文化品质和艺术氛围。

二、转化——普通性和适应性

长期以来，华侨城东部工业区不为人留意地记录了深圳成长的历史，它体现了深圳工业发展的三个阶段。早期外商出资金，免费使用土地，15年归还；随后发展为由发展商开发的标准厂房出租；再后随着工业退化，厂房被闲置，一部分被改造为研究发展基地。华侨城东部工业区被随机封存了的城市片段，悄悄地等待着被铲平。

这里的厂房没有过多的作为"通用厂房"的概念，这

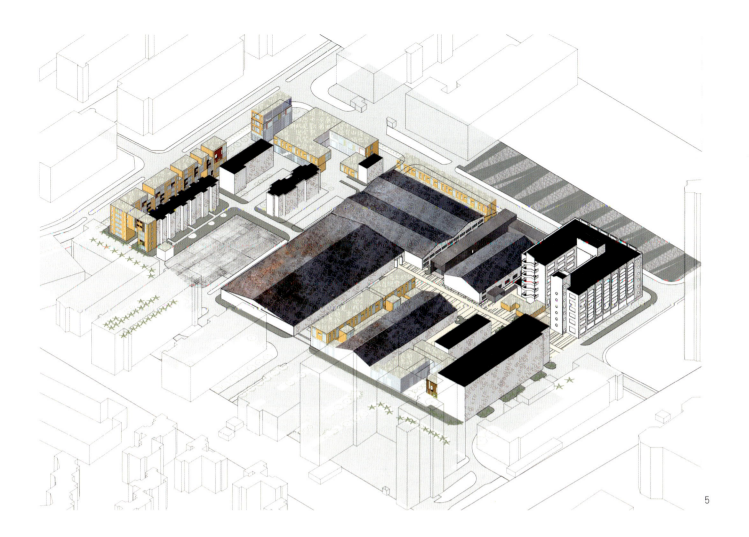

5

些建筑物的最大价值就是它们无可比拟的普通性和适应性，即可以转化替换为任何功能，因而它的改建或与任何"时尚"的"嫁接"都会突出使用的转化而非建筑保护的范畴。

三、生长——规划理念

这是一场脱离了常规房地产开发规则的背叛，城市开始自觉、有意识地从表层向纵深纬度发展。该区域内从规划到单体的设计体现了生长的概念。

该改建计划定位为对一个城市片断实施的人工置换，这不是它有意地偏离常规房地产开发的规则——先形成完整的规划蓝图再分段实施，而是先制定开发计划和一个粗略的概念方案，适当拉长开发周期，以一个切入点开始，逐步向周围扩散，最终将整个基地串联起来。规划不界定一个因有的形态，而是确立一个动态发展、互动生长的模式，其在整体构架中会根据时间的变化、发展的状态和不断出现的使用要求而自我调整。

6

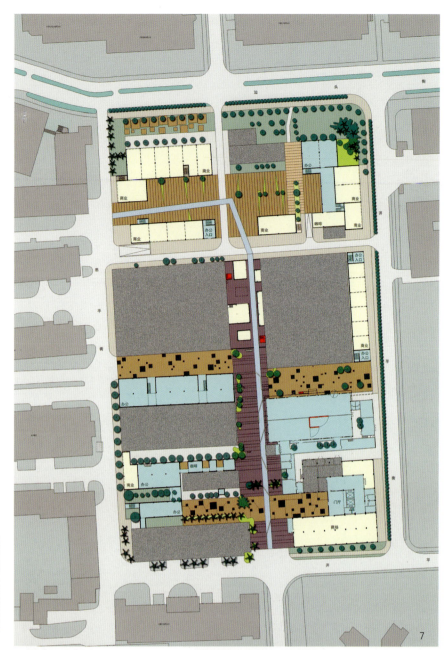

四、环境——中心轴线贯通南北两区

中心轴线自南向北规划了几个环境节点：入口大门、E6栋入口、OCT当代艺术中心、国际青年旅舍停车场周边景观、大型展览及体育场所（北区）、艺术中心（北区）等；同时对水泥地面进行了最大限度的保留，并保护了这里所有的树木，且为其让路，在改造中体现了以自然为本的精神。

7. 深圳OCT-LOFT华侨城创意文化园景观规划图
8. 深圳OCT-LOFT华侨城创意文化园景观设计图
9. 对原厂区的"介入"构思
10.11. 深圳OCT-LOFT华侨城创意文化园模型

五、介入——从艺术展示到人工模拟

以"OCT当代艺术中心"建造为起点，我们设计了两个阶段的"介入"，以求达到最终的"置换"效果：第一阶段的"介入"是制造一系列的艺术事件、活动，并通过展示、投影包裹现有建筑所围合的空间的方式，逐步异化场景，通过建筑与非建筑的手段转换场地的空间属性和使用方式。

第二阶段的"介入"基于对城市自由生长过程的人工模拟。厂房之间的空地将被画廊、书店、咖啡厅、酒吧、艺术家工作室和设计商店渐渐填满，以此尝试建立一种动态的、交互式的、灵活的框架，从而使其自身获得对不断变化的城市所产生的新状况的永久适应力。

这种逐渐添加的方式充满了就事论事式的随机主义，令设计过程和开发方式都不受意图界定分明的规划的局限。

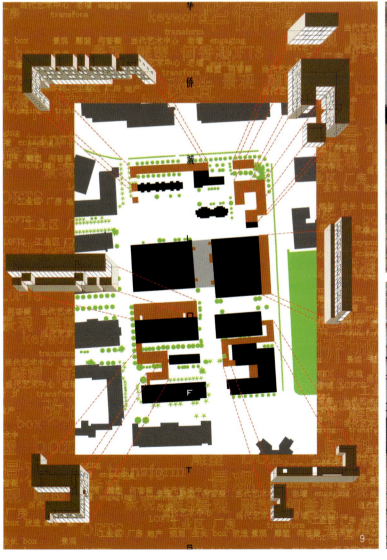

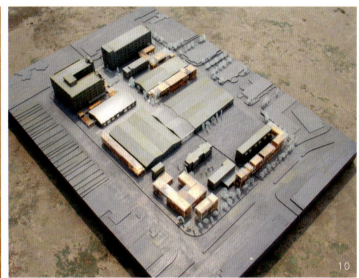

12. 深圳OCT当代艺术中心改建平面、立面
13. 深圳OCT当代艺术中心改建模型
14. 利用旧厂房改建后的深圳OCT当代艺术中心外景
15. 利用旧厂房改建后的深圳OCT当代艺术中心内景

六、复原——OCT当代艺术中心改建

OCT当代艺术中心隶属于中国两大国家级美术馆之一的何香凝美术馆，其展厅外墙包括现有门窗都原封未动，惟一的建筑处理是沿南北两侧出挑的屋檐下支撑起一金属框架并以镀锌的金属网覆盖，于是整栋仓库被包裹起来。金属网在使旧库房的岁月痕迹以及任何加固改建的痕迹都得以留存的同时，又使建筑轮廓有意偏离了那个库房的原型面并得到了进一步简化。在此，中性化在获得了陌生化的同时具有了某种纪念性——仍是库房，但是艺术的库房。

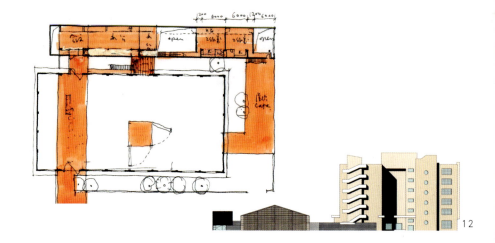

七、互动——国际艺术工作室交流计划

这是OCT当代艺术中心长期的艺术计划,每年定期吸引海内外赋有才华的艺术家进驻到这里的艺术工作室生活、创作、研究,并为他们的创作提供展示的空间,以此构建具有中国本土特色又具专业化、国际化水准的当代艺术机构。目前已建成了5个各具特色的艺术工作室。

16~20.深圳OCT-LOFT华侨城创意文化园国际艺术工作室内景

八、衍变——后期项目系列

南区的成功改造给北区带来了新的希望，以OCT当代艺术中心为核心的发展在北区的改造中得到了延续。结合建筑自身特点，北区在东西两个方位各自发展为两个集艺术与展览为一体的多功能中心，和南区的OCT当代艺术中心遥相呼应，以一种连带的方式带动整个华侨城创意文化园的发展。结合未来西区的建筑环境改造，北区的改造会有一种生长的可能，一些公共空间的设计能够带来整个LOFT的生气，带来一些后工业时代的人文关怀。

在北区的改造方向上，我们提出一种可能，从现有建筑自身的特点出发，把一些有工业区代表特点的建筑构件强化，增加它的视觉识别性。一方面是保留工业区的历史风貌，另一方面是利用现有条件来区别于南区的改造。艺术设计的介入增加了社区的活力，这也与华侨城LOFT的自身定位相符。增加一些小品设施，可以让原有工厂的那种冷漠感变为富有人文关怀的身心体验。

北区交通现状存在一定的问题，随着工业区的改造与入住公司的增加，现有的停车位根本不能满足发展的需要。所以我们的设计改造对交通路线进行了重新设计，在宏观上打通北部与北环的连接，增加一个车行入口，以缓解工业区以前单一的交通流线。在微观上打通部分建筑连接，增加车行道，同时规范路边停车，并在合适的地方建设复合停车空间。

在人行层面上，局部改造原有建筑的周边空间，增加人行步道，从而改善原有的以机动车为尺度的工业区规划。

21.深圳华侨城原东部工业区南北两区总体规划图
22.深圳华侨城原东部工业区南北两区总体规划鸟瞰图
23.深圳OCT-LOFT华侨城创意文化园北环路位置区内鸟瞰意象
24.深圳OCT-LOFT华侨城创意文化园美术馆意象
25.深圳OCT-LOFT华侨城创意文化园加建/构筑物示意
26.对原厂房的改建，增加其视觉识别性

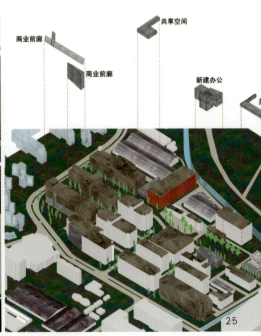

普适与创意
——深圳OCT-LOFT华侨城创意文化园首期入驻机构
Universal and Creative
The Primary Resident Institutions of OCT-LOFT Creative Cultural Park, Shenzhen

《住区》 Community Design

工业化进程是新中国发展史中一个不朽的座标，对于生长于那个机器轰鸣年代的人群而言，又是一个挥之不去的情结。而与之相伴的、鳞次栉比的厂房建筑自然也随之沉积于记忆中。它们不仅具有无可比拟的普通性与适应性，雄浑而不加掩饰的粗犷风格更喻示着坚韧与蓬勃的生命力，是那个年代高涨的民族情绪的集中体现。

然而，在注重资源重组、效率至上的现代社会中，曾经风光无限的机器工业已渐趋势微。而作为实存的"大工业"的象征——厂房建筑该何去何从，则在世界范围内掀起波澜。如今，对其进行合理而有效的改造利用几成共识，同时也牵引着越发众多的世人关注的目光。

观之国内，旧工业厂房的改造亦方兴未艾。而深圳作为最具代表性的开放式城市，也自然在此作出表率。深圳华侨城原东部工业区内的"通用厂房"，是20世纪80年代的产物，这些标准不是很高的厂房以极强的再生性与可塑性，为设计师及先锋艺术家提供了一个创意工作场所，并吸引文化创造与设计企业的进驻，使该区域逐步发展成为画廊、艺术中心、出版、演出、艺术家工作室、设计公司以及精品家居、时装、餐饮酒吧的聚集地，提高了华侨城的文化品质和艺术氛围。

在这里，我们可以体会OCT当代艺术中心"做中国当代艺术的航空港"的崇高理想，分享世纪凤凰传媒建设"eTV——一体化跨媒体内容集成"的开创目标，领略高文安设计有限公司"立足香港、拥抱中国、面对世界"的壮阔前景。它们虽然规模不一、定位迥异，但同样的脚踏实地与高瞻远瞩无形中在彼此间达成了心照不宣的默契，也建构了该创意文化园独具魅力的精神特质，令观者感同身受。

原本等待被铲平的旧厂房与知识经济、新媒体艺术相互碰撞的产物——创意文化园，被帖上了先锋的标签。这不仅完成了有益的建筑保护，更实现了两个历史时期、两种文明层级的对接，是继往开来、薪火交递的使命传承。这一实践开启了一个新的维度，令历史与传统在时尚的裹挟中得以延续。

深圳的旧厂房改造实践，细致而不琐碎，工整而不教条，较完整地协调、解决了这一历史遗留问题。其灵活、高效体现在从设计规划以至施工操作的各个阶段，具有重大的借鉴与参考价值。下面就让我们来看看进驻机构对原厂房脱胎换骨的新改造。

● 都市实践（URBANUS）
创意领域：建筑设计

● 毕学锋设计顾问机构
创意领域：平面设计

● 坊城建筑设计顾问有限公司
创意领域：建筑设计

● 深圳高文安设计有限公司
创意领域：室内设计

● AU雅域国际
创意领域：建筑设计

● 聂风设计工作室
创意领域：室内设计

● 青年公寓
创意领域：促进文化交流

URBANUS
都市实践

深圳都市实践设计有限公司

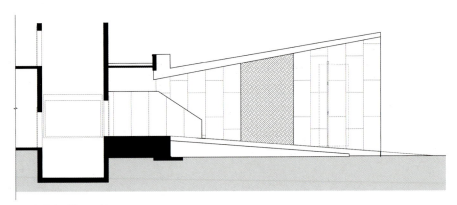

E6厂房改建后的入口剖面

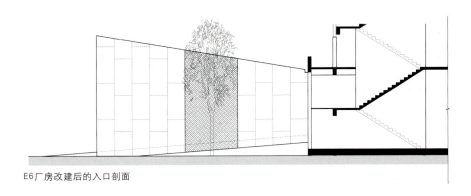

E6厂房改建后的入口剖面

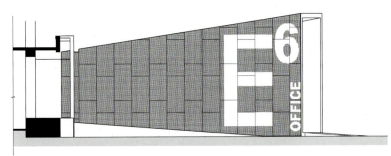

E6厂房改建后的入口立面

毕学锋设计顾问机构

坊城建筑设计顾问有限公司

深圳高文安设计有限公司

AU雅域国际

聂风设计工作室

深圳侨城旅友青年旅舍

主题报道
Theme Report

产业建筑的保护与再利用
Protection and Reutilization of Industrial Buildings

近年来，产业类历史建筑的再利用越来越受到普遍的重视，人们逐渐意识到：产业类历史建筑在城市发展历程中具有不可替代的历史地位。作为物质载体，产业历史建筑及地段见证了人类社会工业文明发展的历史进程，它们是城市博物馆不可缺少的构成部分，其在今天的去留，需要我们审慎对待。

城市工业废弃地更新的整体策略
Strategies on Renewal of Deserted Urban Industrial Land

刘抚英 *Liu Fuying*

[摘要]本文提出了城市工业废弃地的定义，在此基础上，探讨了城市工业废弃地更新的核心对策和相关方法。

[关键词]城市工业废弃地、更新、核心对策

Abstract: *The paper gives the definition of deserted urban industrial land, based on which it explores the core strategies and methods of renewing these deserted urban industrial lands.*

Keywords: *deserted urban industrial land, renewal, core strategies*

一、城市工业废弃地的定义

工业废弃地的概念内涵有狭义和广义之分。狭义工业废弃地是指曾经用于工业生产或与工业生产相关、目前已废置不用的工业用地。依据《城市用地分类与规划建设用地标准》中对工业用地的界定，狭义工业废弃地包括废置的"工矿企业的生产车间、库房及其附属设施等用地。包括专用的铁路、码头和道路等用地"。广义工业废弃地指的是，受工业生产活动直接影响而失去原来功能的废弃闲置的用地及其用地上的设施。其中，工业生产活动的影响指的是工业生产活动的终止和工业生产活动过程中的粗放生产方式。

工业生产活动终止所造成的废弃地包括：废弃工业用地（狭义工业废弃地）、废弃露天矿坑用地、废弃对外交通运输用地（专指运输煤炭、石油、天然气的地面管道运输用地）、废弃仓储用地和部分废弃市政公用设施用地等。其中，废弃仓储用地和部分废弃市政公用设施用地由于包容了企业的生产活动而被纳入到广义工业废弃地的概念范畴中。

工业生产活动的粗放生产方式所造成的废弃用地包括：井工采矿造成的沉陷区用地、工业废弃物堆积区用地（矸石堆场、排土场、废渣场）等。由于地表沉陷或废弃物堆积占据，其原有功能已经丧失。

本文以广义的工业废弃地作为研究对象。

二、城市工业废弃地系统更新的核心对策——用地更新利用

为推进城市产业结构转型，培育接续和替代产业，根据国际上的成功经验并结合我国不同地区的具体情况，本文提出利用工业废弃地的优势条件，通过用地更新推动城市和地区产业的多元化发展。用地更新利用的主要内容包括以下诸项。

1. 都市农业园

都市农业是指嵌入城市空间内部或在城市周边地区与城市空间相联，依附于城市经济，以满足城市居民生活消费的需求为目标，具有经济、生态、社会功能的集约化、专业化、企业化、社会化、科技化的现代农业。国外都市农业主要有三种发展模式——以经济功能为主的美国"社

1. 徐州市采煤沉陷形成的次生湿地
摄影：作者自摄

区支持农业园"（Community Supported Agriculture）模式；以德国的"市民农园"为代表的欧洲注重生态功能和社会功能的模式；以亚洲的日本为代表的兼具经济功能、优化城市生态环境的生态功能、提供农业体验和观光休闲载体的社会功能的模式。

借鉴国外的先进经验，利用城市工业废弃地发展都市农业可以为面临衰退的城市主导产业结构转型提供可资选择的产业发展方向；能够缓解失去土地的农村劳动力就业和再就业的压力，为破产倒闭的产业工人及其家属提供就业岗位；有利于构建资源型城市的生态屏障，改善城市的生态环境；可以为生态农业观光体验型旅游提供物化载体；有助于促进城乡一体化的发展进程。

城市边缘型或飞地型工业废弃地（例如采矿沉陷区、工业废弃物堆场、废弃的飞地型工业区等）在多数情况下都因资源开采而破坏或压占了原来归集体所有的农、林、牧等第一产业用地，经过给予农民补偿后这些土地被政府或企业征用转化为国有土地。针对这类用地的一般利用方式是，除少部分用于工业用地外，大都需要参考破坏前的原始资料，采取工程、生物等措施，有条件、有步骤地逐渐恢复土地原有的生态结构和功能，复垦为农田、耕地、牧草地、鱼塘等，租给原来的农民进行生产经营。已经实施、正在实施和列入计划将要进行生态复垦的工业废弃地为城市发展城郊型都市农业的实践探索积累了条件。

2. 次生湿地景园

采矿沉陷区由于地表沉陷严重改变了地貌结构，构成沉陷深度较大的条带状、斑块状下陷地貌，造成地下水的冒出、收集或截留，储存了雨季的降水及区域内工业废水、生活废水的尾水等，会形成大面积季节性或常年积水的沉陷区。这在客观上已经改变了原地域的生态环境，使其由原来单一的陆生生态系统演替为水－陆复合型生态系统（图1）。将采矿沉陷区在无序状态下被动形成的湿地经过污染治理和生态重建后建设成构造湿地（Constructed Wetland），不仅能够有效提升生态环境质量，而且可以产生良好的经济和社会效益。

3. 都市型工业园

都市型工业是指依托城市的技术流、人才流、信息流、物流、资金流优势，以产品设计、技术开发、营销管理和加工制造为主体，能够在城市中心区存在和发展并与城市功能和生态环境相协调的工业。目前很多国际性大都市都有相当数量的工业在中心城区生存并逐渐发展壮大。例如，美国纽约的服装业，意大利罗马、威尼斯的服装业、鞋业，法国巴黎的香水制造业、服装制造业，我国香港的服装业、珠宝业、印刷业，上海的服装业、食品加工业、包装印刷业等。

利用工业废弃地和废弃工业设施发展都市型工业的意义在于：可以盘活闲置的存量资产；就近创造就业机会，减少结构性失业；减少交通流量，保持社会稳定。与都市

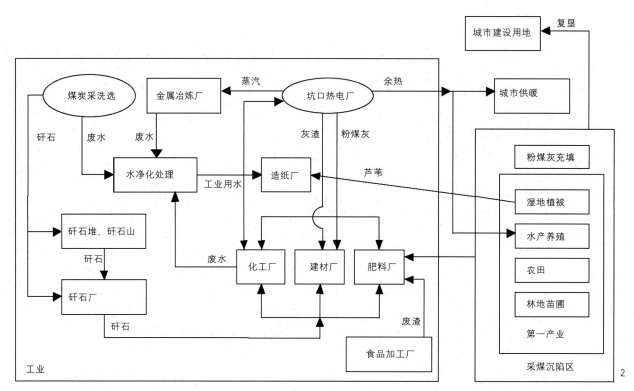

2. 徐州市九里区湿地景园区生态产业园构建示意图
图片来源：作者自绘

型工业园匹配的工业废弃地主要位于城市中心区的旧工业地段或旧工业区。

4. 生态产业园

生态产业园（eco-industrial park, EIP）是指建立在一块固定地域上的由制造企业和服务企业形成的企业社区。在该社区内，各成员单位通过共同管理环境事宜和经济事宜来获取更大的综合效益。

应用产业生态学理论，借鉴、模仿自然生态系统的"生产者——消费者——分解者"的食物链网关系，在分析企业间的能量和物质流动的基础上，研究、设计以社区的企业单位为链网络结构各节点的产业生态链，进而规划和开发建设基于企业之间合作、共生关系的生态系统。在这种系统中，上一梯级企业的废弃物或副产品作为"二次资源"保留和回收后，作为下一梯级企业的能量或原材料，可以实现物质、能量的闭路，多梯级循环利用，减少资源和能源消耗，降低企业运营成本，避免和消除废弃物的排放（图2）。

5. 房地产开发

为拉动城市经济发展、优化城市的人居环境、改善城市形象与增加城市劳动力的就业空间，充分利用工业废弃地的土地资源开发房地产业具有良好的市场前景和发展潜力。开发项目包括利用城市中心区、边缘区工业废弃地的住宅开发、商业设施开发以及经过环境适宜性分析、在生态安全网络框架下利用城市远郊区飞地型工业废弃地的开发建设。

6. 复合型旅游业

在工业废弃地环境优化的基础上，充分发掘地区的市场潜力，结合相关的服务设施的配置，将各种服务性产业加以整合，形成包括休闲娱乐旅游模式、工业旅游模式、生态旅游模式、农业观光体验旅游模式、地质旅游模式等在功能内容上互相渗透、交融，在空间结构上互相联结、穿插、交错的城市复合旅游系统。

7. 公共服务设施建设

在政府机构主导下，利用城市工业废弃地建设文化、教育、体育、卫生、公园绿地等公共服务设施，是完善城市功能、改善城市环境的重要举措。例如，欧美国家有很多成功地将旧厂区改造成为市民提供休闲娱乐活动场所的景观公园的案例。

三、城市工业废弃地系统更新的方法

1. 大地艺术创作

大地艺术（Land Art, Earthworks或Earth Art）是艺术家们以大地上的平原、丘陵、峡谷、山体、沙漠、森林、水岸，甚至风雨雷电、日月星辰等自然环境为背景，以地表的自然物质诸如岩石、土壤、砂、水、植被、冰、雪、火山喷发形成物以及人工干扰自然留下的痕迹（例如工业废弃地、建筑物、构筑物）等为载体进行创作的艺术形式。

20世纪70年代，工业废弃地开始受到大地艺术家的重视。艺术家们通过在工业废弃地进行的艺术创作来表达对工业技术、环境问题、社会问题以及生态问题的强烈关注。由于大地艺术对环境的轻度扰动与工业废弃地的生态恢复与重建过程可以相容，而且粗犷质朴、简练明晰、富有震撼力的艺术形式也极大地提高了环境品质，大地艺术逐渐成为工业废弃地更新改造的一个重要手段和媒介。

1979年8月，美国的一些大地艺术家举行了题为"大地艺术：运用雕塑进行土地更新"(Earthworks: Land Reclamation as Sculpture)的论坛和设计展览，大地艺术家们利用工业废弃地完成了一系列大地艺术作品。

欧洲利用工业废弃地进行大地艺术创作具有代表性的作品是始于1991年的德国科特布斯大地艺术、装置艺术与多媒体艺术双年展。此次活动以科特布斯的露天矿坑改造为主题背景，利用矿坑现有的环境资源和废弃设施，邀请各国艺术家进行创作，完成了很多富有美学价值和浪漫情趣的景观艺术作品。

景观建筑师在工业废弃地改造的景观设计项目中运用大地艺术手法作了很多尝试和探索。例如，在西雅图煤气厂公园、北杜伊斯堡景观公园、诺德斯特恩公园、贝克斯比公园等项目中，设计师都应用了大地艺术的创作手法对工业废弃地进行了景观塑造。

2. 工业遗产保护与利用

经济和技术全球化、能源结构变化、产业结构转型、高新技术迅速成长以及可持续环境观等促使曾经辉煌的工业文明走向衰落，深植于人类物质和精神生活中的工业场地、工业景观也发生着角色更替，由生产设施主体演变为废弃遗址与遗迹。对此，一些学者和社会团体提出将见证了工业文明的演化和变迁过程的有代表性的工业设施和遗址作为人类文化遗产的重要组成部分加以保护，得到了国际社会的广泛关注和重视。

对工业遗产的研究始于20世纪50年代英国的民间研究团体基于"工业考古学"对工业革命以后的工业遗迹、遗存的调查和研究工作。在其影响下，1973年英国工业考古学会成立并召开了第一届工业纪念物保护国际会议。1978年在瑞典举行的第3届工业纪念物保护国际会议上成立了世界性的工业遗产组织——国际工业遗产保护委员会(TICCIH)。2003年7月，在俄罗斯下塔吉尔召开的TICCIH第12届大会上通过了国际工业遗产保护的纲领性文件——《关于工业遗产的下塔吉尔宪章》，标志着国际社会对工业遗产保护达成了普遍共识。

① 工业遗产的概念

在《关于工业遗产的下塔吉尔宪章》中给出了工业遗产的定义：工业遗产由具有历史价值、技术价值、社会价值、建筑学或科学价值的工业文化遗存组成。包括建筑物和机械设备、生产车间、工厂、矿山及其加工和提炼场所，仓储用房，能源生产、传输和使用场所，交通及所属基础设施，以及与工业相关的居住、宗教崇拜、教育等社会活动场所。

② 工业遗产的构成

工业纪念物——专指具有突出的历史、文化、技术、科学价值的工业设施、工业场地等物质实体或空间。例如，世界上第一座钢铁桥梁、大庆油田第一口油井、中国第一座采用西方技术开掘的大型煤矿等。

工业设施群体——由工业建筑物、工业构筑物、工业设备等要素构成的群体。主要类型包括生产设施、仓储设施、交通运输设施、动力设施、给水与污水处理等基础设施、管理与公共服务设施等。

其中，工业建、构筑物包括：各类车间厂房，仓储用房，场地，铁路站场、桥梁、码头、船闸，变配电站、发动机房、鼓风机房、泵房、压缩机房、锅炉房，烟囱、井架、水塔、水池、水渠等。工业设备包括：高炉储气罐、储油罐、高架管道、传送带、机车、吊车等各种运输机具与生产机具等。

工业遗址——是指具有突出普遍价值的工业遗址。包括工厂区的整体结构及自然与人工环境。整体结构指的是厂区的整体布局结构框架（包括功能分区结构、空间组织结构、交通运输结构等）以及具有代表性的空间节点、构成要素（各种工业设施）。自然与人工环境包括厂区中生长的各种植被、遗留在场地中的废弃物以及受工业生产影响所形成的地表痕迹等。

③ 工业遗产保护性再利用的层级及模式

对工业遗产的再利用是在保护的框架下进行的，适度利用而不局限于静态保存更具有现实意义，是工业遗产保护的更高层次。保护性再利用的模式体现在不同的尺度层级上。

层级一，单体建、构筑物及设备的保护性再利用。包

3.德国多特蒙德市"卓伦"II号、IV号煤矿建筑更新为博物馆展厅
摄影：作者自摄
4.德国奥伯豪森市的煤气储罐更新为欧洲最大的展览空间
摄影：作者自摄
5.德国北杜伊斯堡公园原中心动力站更新为多功能活动大厅
图片来源：互联网
6.由德国埃森"关税同盟"炼焦厂配电站改造的酒吧餐厅
摄影：作者自摄
7.德国埃森"关税同盟"煤矿建筑群的整体保护与综合利用
图片来源：作者根据旅游宣传单改绘
8.德国鲁尔区"工业遗产之路"示意图
图片来源：互联网

括博物馆模式、展览馆模式、多功能综合活动中心模式、体育休闲活动模式、餐饮模式、办公模式、旅馆模式等（图3～6）。

层级二，工业厂区保护性再利用。包括综合利用模式（图7）和后工业景观公园模式。

层级三，工业历史城镇保护性再利用。在保证外界干扰不对文化遗产保护造成不利影响、维护历史城镇独特个性的基础上，可以采取合理再利用（Adaptive Reuse）的对策。例如，通过制定规划、逐步开展适度的旅游开发，进而实现发扬历史文化精神、促进文化交流、提升城镇知名度和美誉度、增进商业活力的综合目标。

层级四，区域性工业遗产保护性再利用。通过游览路线将区域范围内分布的各工业遗产节点联结起来，形成工业遗产在区域空间整体上的开发利用。代表范例是德国鲁尔区的工业遗产之路（RI）（图8）。

3.景观重构

西方国家景观学领域基于对艺术、环境、生态、文化等多专业学科的借鉴和应用，提出充分利用废弃的场地和设施作为构成要素来实现废弃地景观重构。经过不断的景观设计实践探索，一种针对工业废弃地景观再生的被称为"后工业景观"的设计理论和方法逐渐发展成熟，并在景观专业领域内产生了国际性影响。后工业景观（Post-Industrial Landscape）是指工业生产活动停止后，对遗留在工业废弃地上的各种工业设施（工业建筑物、工业构筑物、工业设备）和场地上的自然与人工环境（包括植被、地表痕迹、废弃物等）加以保留和更新利用，并将其作为主要的景观构成元素来设计和营造的新型景观。后工业景观思想发轫于20世纪60～70年代欧美发达国家，成熟于20世纪90年代的德国。

后工业景观借鉴了生态学、现代艺术、技术美学、工业文化遗产保护等专业的理论和实践成果，形成了独特的设计思想和方法。

其一，保护和延续工业文化。废弃工业场地上遗留的各种设施（建筑物、构筑物、设备等）及其环境具有特殊的工业历史文化内涵和技术美学特征，映射了人类开发自然、获取资源所进行生产活动的现代技术背景，是人类工业文明发展进程的见证，应对有价值的工业文化信息加以保留并作为后工业景观重构中的主要元素（图9）。

其二，艺术加工与再创造。具体体现在对废弃地上的遗留工业设施和地貌景观进行艺术加工与再创造。

其三，对生态学理论和技术的借鉴与应用。包括，在景观组织中尊重和彰显自然演化过程；充分利用废弃地上的工业设施以避免拆旧建新的资源、能源消耗，降低成本，并减少建筑拆除和重建过程对环境的干扰；土壤污染治理、水污染净化、矸石山生态恢复与重建；维护在废弃地受污染土壤上顽强地进行生态演替的野生植被及其生态环境；采用风

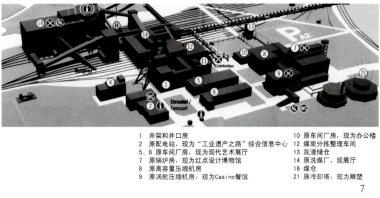

1 井架和井口房
2 原配电站，现为"工业遗产之路"综合信息中心
5、6 原车间厂房，现为现代艺术展厅
7 原锅炉房，现为红点设计博物馆
8 原高容量压缩机房
9 原涡轮压缩机房，现为Casino餐馆
10 原车间厂房，现为办公楼
12 煤炭分拣整理车间
13 灰渣储仓
14 原洗煤厂，现展厅
16 煤仓
21 原冷却塔，现为雕塑

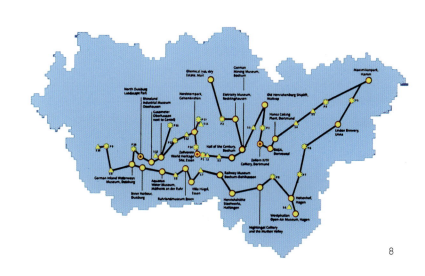

9. 德国北杜伊斯堡公园将保留完好的1号、2号高炉作为景观元素
摄影：桑小琳
10. 废弃地上顽强生长的植被
摄影：作者自摄
11. 经过生态恢复与重建的矸石山
摄影：作者自摄
12. 北杜伊斯堡景观公园中的净水池
摄影：作者自摄
13. 北杜伊斯堡景观公园中的风力提升设备
摄影：桑小琳

14. 建于米兰一座废弃厂房核心的"波洛美提欧"音乐空间
15. 利用伦敦旧发电厂改造成的泰特现代艺术馆

能、太阳能等可再生能源以及雨水收集与净化等节能技术；利用工业废弃物作为景观构成要素等（图10～13）。

4. 旧工业建筑改造利用

在工业废弃地上遗留着大量由于生产活动停止而失去原来功能的废弃工业建筑，其中一部分经过调研被认定为工业遗产的，按照文化遗产保护的程序和技术要求采取保护措施。对于大量非文化遗产的废弃工业建筑，西方国家采取的改造利用观念和方法引起了国内学者的关注和重视，并已有很多相关的研究和实践成果。关于旧工业建筑改造利用的意义、优势条件、发展概况等在此不再赘述，仅对改造利用的模式加以概括总结。

研究表明，对旧建筑的改造利用主要体现在空间重构、功能转化、造型形式重塑三个层面，三者之间相互联系、相互影响、相互制约，其中空间重构为功能组织和造型推演提供了基础平台。据此，本文提出了以空间形态的更新为核心的旧工业建筑改造利用的四种模式。

① 模式一，刚性空间模式

刚性空间模式是指建筑空间受空间尺度、结构形式及环境的制约，只能在维持原空间形态不变的前提下加以更新改造的空间利用模式。厂区中的单层或多层砖混结构建筑的改造利用属于该种模式。

② 模式二，内部重构模式

保持建筑的整体几何体量不变，利用工业建筑的空间尺度和结构特征对其内部空间进行重构，使之与新功能的空间要求相匹配。适用于单层大跨度工业建筑、单层或多层框架工业建筑等。内部重构模式又可分为以下三种类型。

保持空间原构——当原空间形式与新功能空间要求相匹配时，可以基本维持原空间形态不变，对建筑内部进行加固处理、装修改造和设备更新。例如单层大跨度建筑更新为剧场、影院、会议、体育等大空间建筑类型或有大空间布展要求的展览馆、博物馆、商场，单层或多层框架建筑改造成办公、居住、旅馆、商业、教学、图书馆、餐饮娱乐活动用房等。

局部空间重构——部分维持原室内空间形态不变，局部采用"加法"或"减法"对空间形态加以更新改造。例如，利用工业建筑空间开敞、高度大、便于灵活分隔的特点，采用"局部夹层空间"（例如LOFT空间）来提高空间利用效率、丰富空间向度；或运用减法将多层框架建筑的部分楼板拆除，形成"中庭空间"。

空间整体重构——包括水平分隔、垂直划分和异构更新三种方式。

"水平分隔"是指利用墙体、轻质隔断、交通空间等将建筑平面在水平方向上进行自由灵活的分隔，根据新功能进行重新布局。

"垂直划分"即在垂直方向上将原来的单一整体空间分隔为多层空间，适用于单层大跨度工业建筑。这种改造方法对旧建筑承重结构的承载力和稳定性等要求较高，一般都需要对原建筑进行加固处理。

"异构植入"指的是在原建筑空间内部加进富有个性的特异的体量或空间元素，塑造具有视觉震撼力的室内空间效果或满足特殊的功能要求（图14）。

③ 模式三，外向拓展模式

对原建筑体量采用扩建方法实现空间向外拓延、伸展的改造利用模式。包括在原建筑顶部加层或周边加建新体量、内庭院加盖以及在建筑之间加建连接体等方法（图15）。

④ 模式四，组合模式

对于超大型工业建筑综合体的改造利用，由于空间变化复杂，在设计中需要针对不同的空间形态采用内部重构和外向拓展相结合的组合模式。

参考文献

[1] 皮立波. 现代都市农业的理论和实践研究：（博士学位论文）. 成都：西南财经大学，2001

[2] 格雷德尔，艾伦比. 产业生态学. 施涵译. 北京：清华大学出版社，2003

[3] 劳爱乐[美]，耿勇. 工业生态学和生态工业园. 北京：化学工业出版社，2003

[4] 谷泉. 大地艺术. 美术观察，2001(7)

[5] 王向荣，林菁. 西方现代景观设计的理论与实践. 北京：中国建筑工业出版社，2002

[6] 王建国，戎俊强. 城市产业类历史建筑及地段的改造再利用. 世界建筑，2001(6)

[7] 张松. 历史城市保护学导论——文化遗产和历史环境保护的一种整体性方法. 上海：上海科学技术出版社，2001

[8] 陈伯超，张艳锋. 城市改造过程中的经济价值与文化价值——沈阳铁西工业区的文化品质问题. 现代城市研究，2003(6)

[9] 刘伯英，李匡. 工业遗产的构成与价值评价方法. 建筑创作，2006(9)：24～30

作者单位：清华大学建筑学院

德国当代工业遗产再利用一瞥
Reutilization of Industrial Heritages in Germany

张 宁 孙菁芬 Zhang Ning and Sun Jingfen

[摘要]工业化的进程在德国的土地上曾留下了不可磨灭的痕迹，但在社会与经济条件迅猛发展的现今，众多工业遗产亦面临着严峻的存亡问题。本文回溯了德国工业化的发端与历史进程，总结了德国当代工业遗产再利用的特点，并阐明了其对我国的启示与借鉴意义。

[关键词]德国、工业遗产、再利用

Abstract: Industrialization has left significant marks on the landscape of Germany. With the rapid social and economic development, many industrial heritages are on the verge of extinction. The paper examines the origins and development of industrialization in Germany, generalizes the characteristics of German industrial heritages, and investigates the implications of German experiences to China.

Keywords: Germany, industrial heritage, reutilization

发端于150多年前的工业化进程在德意志的土地上留下了不可磨灭的痕迹：从遍布各个城市的高品质工业建筑，到成为世界文化遗产的福尔克林钢铁厂，乃至在欧洲都无出其右的鲁尔工业区，其工业建筑遗产类型之多和数量之庞大都给这一段德国人引以为豪的历史提供了令人信服的佐证。德国的社会与经济条件自上个世纪末发生了巨大的变化，由工业社会向后工业社会转型的趋势愈加明显。如何在这一迄今持续深入的巨大变革之中保护和利用大量的工业建筑遗产？为了回答这个问题，德国人一直进行着不懈的努力。

一、工业建筑再利用的发端

自发性的工业建筑再利用久已有之。但现代意义上有计划的工业建筑再利用在德国是和城市更新理论的转变密不可分的。

20世纪70年代，德国的城市更新政策与理论经历了一次重大变革：放弃以前奉行的"推倒重来式城市更新"模式，转而以"分阶段小尺度"、"保护性城市更新"作为城市更新的蓝本。尽管当时一方面由于老城区的条件难以适应一些企业发展及生产工艺改进的要求，另一方面由于改善周边居住环境的需要，内城工业企业外迁使得工业建筑的闲置不断增多。但是，城市更新的评价也由以经济效益为主转向以文化、社会与历史建筑保护为导向，而且分布在内城的工业建筑已成为了城市风貌与居民集体记忆的一个重要组成部分，对工业建筑的保护和再利用就成为了理所当然的选择。

在这个阶段中，城市更新的对象主要集中在城市历史中心区与德国建国时期建成的城市区域。因而，伴随的工业建筑再利用对象类型也比较单一，主要以分布于市中心或多种功能混合的城市传统区域中的中小规模工业建筑为主，注入的新功能大多是以居住、文化娱乐为主。德国公认的首个成功的现代工业建筑再利用案例——汉堡的"Fabrik"就是典型代表。

二、自20世纪80年代以来的巨变

进入20世纪80年代，人口萎缩及经济结构转型对德国的影响日渐明显。德国的低出生率使得其人口将从现在的8200万降低到2050年的5800万。即使将移民计算在内，届时的人口数量最多也就在6400万左右徘徊。尤其是在东部各州和老工业区这种人口萎缩现象表现得特别明显，它使得人口高峰期修建的大量基础设施过剩闲置。

此次经济结构转型是"从工业社会向后工业社会的转型"，主要表现在第三产业的扩张和工业——尤其是采矿、冶金与航运业的衰退上。在以矿业冶金为基本产业的地区和港口城市，大量矿井被废弃、钢铁厂被关闭、造船与港口设施被闲置。与此同时，在"后工业社会"中人们需要更多的空间来发展文化、艺术、娱乐业，居民不断增加和日益灵活的闲暇时间对消费与休闲设施的要求也在不断提高。这种外部的刺激使得工业建筑的改造与再利用在理论与实践上都获得了极大的发展。

1．对象的增多与规模的扩大

2001年德国的各类闲置土地共计128000hm²，其中以往为工业与交通运输用途的土地面积分别为48384hm²和11392hm²，所占总量的比例达到了37.8%和8.9%。也就是说产业用地的面积占到了总量的46.7%（如果按照德国统计口径将闲置的军事用地也计算在内的话更是达到了惊人的70.8%）。以北莱茵威斯特法伦州为例，仅从1980年至1993年州政府就利用"鲁尔地产基金"购入了占地面积超过2000hm²的工业闲置用地，其间加以整治后有600hm²又重新私有化并投入使用。

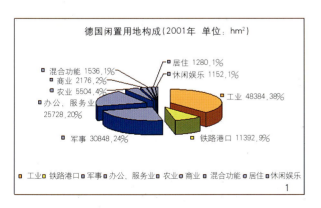

1

除了规模的不断扩大，产业建筑再利用的对象类型也在不断增多：首先还是传统地分散在城市内部的小规模工业与交通建筑，其中绝大部分是分散在城市传统混合功能区域的建筑。项目的区位和周边条件保证了其获利的潜力，一般来说项目主要是在规划约束下由市场行为来推动的。根据项目周边功能结构的特点，再利用的功能主要定位在居住、小型办公、商业文化设施。

此外，对城市内部较大型的交通或工业区的改造与再利用也不断出现。由于规模的扩大，操作的复杂程度和资金的需求增大，很多情况下呈现出公共机构和私人投资相互结合的特征。这种类型的项目有着与前者相近的区位条件，往往被重新赋予居住与商业文化的混合功能。根据具体地块的状况，也有作为纯商业与文化区域定位的。

随着产业结构的调整和20世纪90年代德国的重新统一，在新老联邦州中闲置的城市周边大型工业区或工业综合体也逐渐成为了再利用的重要组成部分。单个项目的面积往往可以达到100hm²以上。这种规模项目的改造与再利用是不可能在较短时间内一蹴而就的，其意味着结构的调整。它的发展和周边环境密切相关，准备阶段耗费巨大，一般来说大量的公共投入对于项目推动和最终的市场化来说是必不可少的。这类项目大多数情况下被重新用作办公或文化休闲设施，在一些特定的情况下也会作为城市新区进行开发。

2．手段的扩展与深化

对象的多样化意味着新的挑战：更特殊的空间形式与技术设施、大面积被污染的工业用地、更大的规模以及随之而来的对社会经济发展更加深远的影响。这对工业建筑再利用的策略与手段都提出了更高的要求。

①工业文化与文化工业

如果说"转型"时期的外部条件驱动着工业建筑再利用的不断发展，那么德国对工业建筑遗产特质的发掘就是工业文化与文化工业紧密结合的催化剂。

工业遗存和技术设施对普通人来说是一个极少或从未涉足过的"禁地"，它和叠加其上的新功能可以提供给使用者一个和日常生活差异化的现实：既可以略带粗鲁地使循规蹈矩的都市生活掺入几分野性；也可能是坐落在矿井、车站、仓库中的"缪斯的圣殿"。所以，除了经过改造的工业建筑提供了以中小型企业为骨干的文化创意产业的理想处所外，工业遗产与文化的叠加效应能够将历史、现实、设计、艺术与时尚创造性地结合在一起，从而产生一种适应文化创意产业萌发的氛围。这种"工业文化"往往成了"文化工业"的催生剂，创造性地为"由工业社会向后工业社会的转型"提供了精神上和空间上的可能性。无论是艾森(Essen)的关税同盟园区还是汉堡的仓库城的成功运作都证明了这一点。

此外，这种结合还催生了许多更富感染力与影响力的新的文化活动形式。例如：1994工业历史展"焰与火"在欧博豪森(Oberhausen)的经过改造的117m高的煤气罐中举行。根据当地统计局的问卷调查，不仅观众人数超出寻常，其构成也发生了改变——与经典的类似文化活动相比，各个阶层的居民都表现出了极大的兴趣，特别是只受过中低程度教育的居民的参与大大地超出了平均水平。这种"新文化形式"的影响力一而再地在其它活动中得到验证：无论在麦德里希(Meiderisch)以往鼓风机房举办的古典音乐会，还是在波鸿(Bochum)改建而成的文化中心里的戏剧表演都吸引了大量以往与古典艺术陌生的人群。

②工业自然

随着改造对象类型(特别是城市周边大型工业区或工业综合体)的丰富，一些"特种"工业遗产的再利用也被纳入了再利用的范畴。由于极度特殊而难以利用的工厂、荒废的铁路线、工业区的运河、堆积如山的矿渣等等，它们都有着共同的特点：工业活动更本性地改变了土壤成分，使其富含人造物质甚至一些有害物质；对它们进行完全去污改造要么耗费巨大，要么其自身特点会被完全抹灭。面对这种情况，德国学界提出了"工业自然"这个概念。"工业自然"是指那些由工业生产所决定，而后又为自然条件所塑造的自然景观区域。首先，这些区域的土壤相对周边而言一般都有密实度过大、干燥、缺乏养分的问题，有些还存在有害物质或盐分含量过高的现象。特殊的环境条件造成了这些地区植被与生态的特殊形态——外来植物与本地珍稀物种的富集和不同于周边地区的植被形态。这种"异化的自然景观"无疑是具有很大吸引力的。除了这些，"工业自然"的独特魅力更在塑造一种充满张力的气氛：花草树木从铁轨间、从老的工厂废墟中、从矿渣堆上、从这些工业时代遗存中生机勃勃地蔓延生长开来。这种工业遗存与大自然的再征服所形成的震撼对比更增加了它作为旅游及休闲目的地的价值。杜伊斯堡(Duisburg)北部的景观公园和位于瓦登堡(Waldenburg)的矿山景观就是这种"工业自然"的例证。

③项目规划与协调

再利用项目的数量和规模都在不断增长，但如何协调它们相互间的关系，增强它们的共同影响？这个问题只有通过广泛的区域合作才能解决。德国北莱茵威斯特法伦州和萨尔州拥有最为丰富的工业建筑遗产，也较早地进行了工业建筑遗产的再利用。

在萨尔州，这种协调是通过一定的机构来实现的。由州政府成立的"萨尔工业文化"有限责任公司的主要任务是创立一个联系萨尔州、卢森堡和罗特林根(Lothringen)的工业建筑遗产网络。这一任务主要是通过规划与控制网络的整体结构和支持推动不同的具体计划及项目来实现。最终的目标是将单个的工业遗存"元素"相互联结，在旅游、区域的文化认同和现实经济发展上获得更大的效益。北威州则是以项目为导向，自1989年就在"国际建筑展——埃姆舍公园"(IBA Emscher Park)的框架下对面积800km²园区内的项目在总规、控规和具体项目方案几个层面上进行了控制与协调。各个相关城市与社区在统一的构想下，对工业遗产保护与再利用的诸多项目从总体构想、重要节点、主题路线、交通工具与道路连接、媒体与公关设计、市场定位几个方面进行控制协调，最终产生了"工业文化之路"与"工业自然之路"这两个具体的成果。

三、新动向

从20世纪90年代起，建筑保护再利用的理论又得到了新的发展。苏黎世联邦理工高专(ETH)历史建筑保护系主任乌塔·哈斯勒(Uta Hassler)等瑞士、德国学者认为：所有的建筑实存被当作一个整体来看待——都是建筑材料与能量的一个"中间储存站"。从生态与经济的角度来看，再利用的中心任务就是如何延长这些建筑材料和能量在"中间储存站"保留的时间——保留使用的时间越长，就意味着平均单位使用时间内消耗的物质与能量越少，对它们的使用效率越高，也就越符合经济与可持续发展的要求。这种理论迄今为止对工业建筑的再利用产生了至少两点影响。

一是再利用对象的继续扩大。根据统计截至1991年德国共拥有约1000亿吨的建筑存量，相当于每个德国人拥有相当于112辆小汽车重量的建筑存量。其中工业建筑占了相当的比例，而二战以后的工业建筑又占了工业建筑存量的一半以上(详见下表)。毫无疑问，它们也是建筑存量的一个重要部分。所以，工业建筑的再利用不能仅局限于具有历史或美学价值的对象，战后乃至过去一二十年建成的工业建筑也应该被纳入改造与再利用的范围中来。

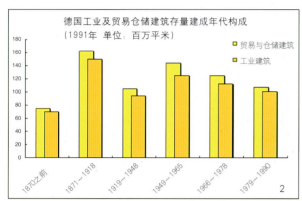

其二，提供了一个新的角度来看待工业建筑的再利用。"今天的新建筑就是明天的再利用对象"，应该从新建筑起就有计划地对工业建筑再利用进行谋划，追求材料与能量在新工业建筑全寿命期内的高效利用。为了实现这种意图，主要可以从以下几个方面入手：延长建筑与设备的预期寿命、弹性的建筑空间、资源利用的长期有效性、维修的可能性、建筑部件拆除与再利用的可能性与建筑垃圾的无害性。

四、几点启示

我国相对德国而言情况比较特殊，同时面临着工业化与增强第三产业的双重任务。现在我国城市的产业结构存在第三产业比例过小的问题。随着经济的发展，产业结构有从"二三一"转向"三二一"模式的趋势。这一变化对城市的结构、功能、布局将产生巨大的影响。借鉴德国的经验，工业建筑遗产的再利用不论是空间上还是精神氛围的营造上都能为这种模式的转变提供一个强有力的支撑。值得注意的是，现在我国还缺乏在总体上对工业建筑再利用的规划与控制，使得区域或城市内部的工业建筑遗产项目缺乏协调，难以形成一种"合力"。总体构想的缺乏也使得公共力量的介入与资助无从着力，这造成了大多数再利用项目必须"短平快"地从市场获得收益，这种单一的目标也使得再利用的质量与手法受到极大的限制。

我国现在处在城市化与工业化的高峰期，也是"工业建筑存量"的急剧增长期。我们今天的建设成果毫无疑问会在将来成为再利用的对象。当今德国学界基于可持续发展的观念，对于迄今为止的着重美学、历史"保护及再利用"进行了不断的反思，并对"现代主义的"，特别是战后几十年"繁荣时期"、"狭隘功能主义"、"短寿命"的建筑方式进行了批判。这些对我们今天工业建筑的新建与改造应该是具有重要意义的。

参考文献

[1] Höber, A., und Ganser, K., Hrsg., 1999, Industriekultur-Mythos und Moderne im Ruhrgebiet; Essen.

[2] Lösel, W. (2005); Methode zur Revitalisierung, Modernisierung und Umnutzung von Industriebrachen, TU Chemnitz.

[3] Schneider, U., Hrsg., 1999, Fabriktagen-Leben in Alten Indusriebauten; Hamburg.

[4] Stratton, M., Hrsg., 2000, Indusrial Buildings-Conservation and Regeneration; New York.

[5] Bund Deutscher Architekten BDA der Hansestadt Hamburg e.V. Architektur für Hamburg Geplantes Gebautes Ungebautes 1984-1994-2004

[6] Hamburgrischen Architektenkammer, 1993, Architektur in Hamburg Jahrbuch 1993

相关链接：

萨尔工业文化：http://www.iks-saar.net/iks_rc2/iks.php?selection=00&lang=de

欧洲工业文化之路：http://de.erih.net/index.php?pageId=5

德国工业文化：http://www.industrie-kultur.de/modules/tinycontent/index.php?id=52

汉堡Fabrik：http://www.fabrik.de/de/fabrik/index.html

杜伊斯堡内港：http://www.innenhafen-duisburg.de/de/index.html

杜伊斯堡北部景观公园：http://www.landschaftspark.de/de/derpark/index.html

作者单位：德国斯图加特大学

德国后工业景观改造的研究与实践体会
Research and Practice on the Renovation Post-Industrial Landscape in Germany

王晓阳 Wang Xiaoyang

[摘要]本文以作者的实践为基础,以3个实例为切入点,较为详细地论述了德国工业遗产保护再利用的过程与基本特点。从中可以使读者认识到,工业遗产的保护与改造可以使社会资源得到充分利用,并表现出城市的悠久历史与多元化,具有重大的现实意义。

[关键词]德国、后工业景观改造、工业遗迹、工业化

Abstract: From the practice of the author, with three cases, the paper discusses in detail the process and characters of protection and reutilization of industrial heritage in Germany. It has been proved that the protection and renovation can result in maximum utilization of social resources. It also serves for presenting the depth of history and the spectrum of urban culture

Keywords: Germany, renovation of post-industrial landscape, industrial heritage, industrialization

后工业景观的改造兴起于20世纪中后期,它的重要意义在于使人们认识到,工业遗迹同其他历史文化遗迹一样,都应该被作为文化遗产而保护起来。这样做,也是对城市资源的充分利用,表现了对城市历史及发展多样性的重视。德国在此方面的研究与设计实践水平较高。

著名景观建筑大师彼得·拉茨教授是德国工业遗产保护再利用及城市基础设施建设方面的一位旗帜性人物。他从20世纪80年代开始关注工业遗产改造,其主要作品如鲁尔区杜伊斯堡北公园改造、萨尔布吕肯港口岛改造及不来梅港改造等都已成为经典作品。彼得·拉茨教授在慕尼黑工业大学承担教职的同时,也开办自己的事务所。丰富的实践机会与浓厚的学院理论相得益彰,给他的众多景观改造实践提供了充分支持。

2003年~2006年,笔者有幸师从拉茨教授,进行后工业景观改造方面的理论学习与工作实践,参与了一些国内外的景观改造工作。一方面深刻体会了以拉茨教授为代表的德国景观学教学体系方法,加深了对后工业景观的理论理解和认识;另一方面在项目实践中参与了德国工业景观改造的工作流程,了解了工作思路与方法。

德国工业景观改造最重要的几点在于:

• 综合的知识体系架构:对于相关知识的尊重及与相关专家的合作。如工业知识、历史、社会学知识、生态学、植物土壤知识、管理知识等各方面的综合全面考虑及与相关地质专家、水利专家、结构专家的合作。

• 严谨的遗产保护态度:对于现状的尊重。如机器的使用、生产流程、厂房的重新利用等。包括现有植物和破败的景象,也作为工业时期的见证而得以保留。

• 全面的社会效应考量:建立工业遗产保护法。对公众进行科普教育,宣传其重要性。

一、鲁尔区汉莎炼焦厂改造:体会后工业景观改造过程中的理性基础

汉莎炼焦厂位于德国鲁尔区的多特蒙德市,建于1927年,于1990年停产至今,1998年正式成为德国工业遗产保护项目(图1~4)。其改造作为2004年秋季学期慕尼黑工大景观专业的课程设计项目,在拉茨教授的指导下得以完成。改造设计之前安排了为期8天的现场考察和调研。

第1天进入汉莎炼焦厂,工业遗产基金会的工作人员接待了到访的所有师生并向大家详细介绍了这里的历史、变迁和现状。值得一提的是,工厂详细的生产流程和制造工艺也在介绍内容之中,而其重要性笔者则是在后来的设计中才逐渐体会到。在调研中,每栋建筑在生产线中的作用和位置,每一道工序是如何进行的,将会产生什么物质,都需要深入了解。因为这些对于将要进行的设计都是至关重要的信息。例如我们在整个厂区的设计理念是:未来的参观流线就是串联最重要的工艺流程,展示原有的制造工艺。这些都是建立在对原有工厂全面理解的基础上才可能完成的。

在几天的参观中,我们除了详细了解了在这里生产天

1~4. 汉莎炼焦厂
5.6. 改造后的效果图
图片来源：王晓阳，Tobias Gaertner
7. 改造后的入口效果图
图片来源：王晓阳，Tobias Gaertner

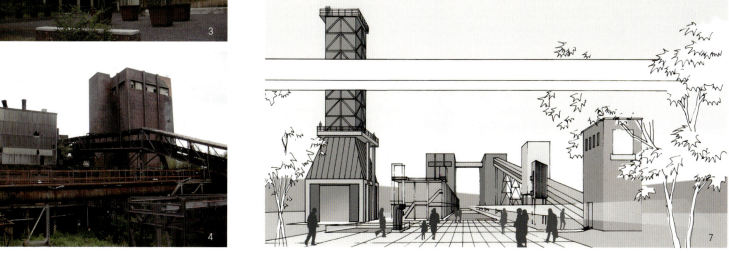

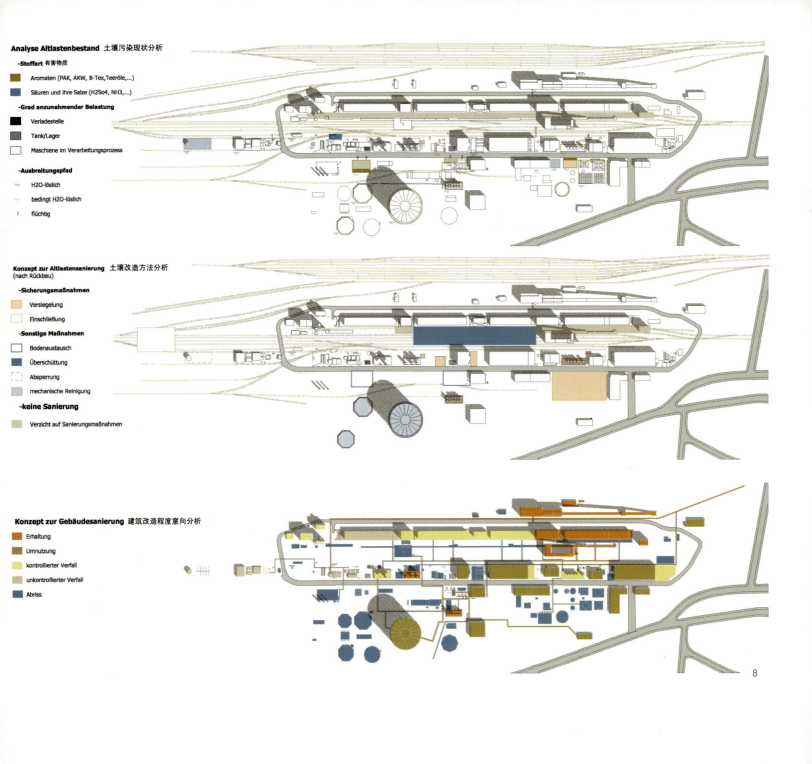

然气和发电的全过程以及各种机器厂房在历史上的原貌、功能之外，还对现有植被、地形地貌、土壤进行了详细勘查，并对每一栋厂房的外立面、内部结构及其内部保留的机器进行了仔细的研究测绘。

在设计中，我们还要同时进行技术含量较高的相关课题研究，并须提交报告。具体到汉莎炼焦厂相关的论题，是关于土壤有毒物质的研究。不同的制造工艺与不同的原料，能够估算出会产生不同的有害物质，一些会残留在土壤中，一些经过处理可以清除。通过设计，并根据现状及未来的使用功能需要，我们对现有的土壤部分进行置换，部分进行清理，在一些剧毒的场地则做围挡限制人流的进入，并给出长期可行的治理建议（图5~8）。最终，在设计完成时，笔者和另一位合作者在专业土壤学教授的指导下共同提交了关于土壤有毒物质研究与处理对策的相关报告——《对于汉莎炼焦厂工业废弃地的土壤状况研究》。除这一课题，其他小组也完成了关于植物规划管理等相关课题的研究报告。

在设计中，德国景观建筑师和教授的严谨态度以及德国对于工业遗产的重视态度，令笔者深有体会。

设计最终完成后，师生再次参观厂区，并就图纸与各方面专家以及遗产基金会的工作人员进行了进一步的探讨和研究，以期对于该地区拥有更加透彻的理解，并对工厂未来的发展起到积极的推动作用。

二、意大利都灵多哈工业公园：体会充满想像力的感性表达

2004年，拉茨与合伙人事务所赢得了在意大利都灵设计多哈工业公园（Parco Dora "Spina 3"）的国际投标项目，并在后来的2年中进行了不断深化设计。项目于2006年底开始实施。

这块工业用地是原菲亚特汽车厂的工业用地，位于市中心，紧邻奥运村。在这一项目中，其将转变为开放的公园。这也是继杜伊斯堡北公园之后拉茨事务所在欧洲又一项非常重要的后工业改造项目。

工作的最开始仍然是对现状的深入研究和归纳。从所有现存的工业设施、河流等景观元素，到其他配套基础设施的现状，都进行了详尽的调查，包括用地与周边环境的关系。调研考虑三个层面：第一是大尺度的层面，该地段与东侧的小山及西侧的阿尔卑斯山脉的关系；第二是河流景观的层面，因为与这一地段紧密相邻的是著名的多哈河；第三是工业景观层面，也就是我们要重点论述的部分。

整个公园的设计从形态学、功能及社会学角度进行了考虑，这几方面从表面上看并不相关，但设计力求将其最终形成一个考虑周全的互相联系的整体（图9）。

这里笔者只简要论述项目中对于工业景观改造的部分。总体规划理念仍然延续彼得·拉茨的一贯原则，对现有的工业景观进行保留并重新诠释，使其成为历史的见证，并展示这种从工业场地向开放公园变迁的过程。

整个厂区中原有的钢柱被保留下来，作为贯穿公园的高架桥的结构支撑，成为整个公园最具代表性的景观标志。高架桥的材料均使用回收的钢材，这样便在公园中形成了不同层面的观赏区。高架桥贯通整个公园，游人可以从上面俯瞰花园和其他景观，而绿色的爬藤植物则缠绕在红色的钢柱上（图12）。我们可以想像出未来将出现的充满艺术感和视觉冲击的景观画面。

地段中尚现存一些废弃建筑被拆除后遗留的基础结构。利用这些看来丑陋无用的结构，拉茨先生又一次运用了他的想像力，将其内部填充水或者土壤，形成独具特色的花园。需要特别强调的是，这些填充到其中的水是经过收集的雨水，池中种植的水生植物一方面可以增加观赏效果，另一方面也是生态水处理过程的一个环节（图10）。

设计中的其他一些方面，例如对原有流经场地的河流的重新挖掘，原有冷却塔的维修和重新利用（图11），以及废弃厂房转变为多功能大厅，都体现了拉茨先生的设计理念：原有的工业元素被保留，并逐渐融入到新的景观和新的生活中去，它们也成为了开放空间市民休闲生活的一部分。这里是钢铁的丛林，是未来派的游憩地，是都灵市民可以日常生活并会回忆起过去的有生气的空间。新的植物和其他生命在此地将逐渐占领这个曾经的工业基地，让我们想像并关注它的转变过程，那一定是非常有趣而震撼人心的（图13）。

8. 土壤分析图
图片来源：
王晓阳，Tobias Gaertner

9. 总平面的设计既考虑到地段与周边景观的关系，也重视地段内整体景观的连续性及可行性
照片版权：Latz+Partner Landscape Architecture

10. 原有建筑基础中收集雨水形成的水园
照片版权：Latz+Partner Landscape Architecture

11. 冷却塔被改造并得以重新利用，人们可以进入内部进行参观
照片版权：Latz+Partner Landscape Architecture

12. 高架桥可以使游人从另一个角度观赏公园。红色的钢柱及绿色的植物形成了强烈独特的视觉效果
照片版权：Latz+Partner Landscape Architecture

13. 夜晚的工业花园充满了神秘感，柔和的地面光照射到人活动的区域，高架桥通过连通的光带被强调出来，而柱顶端的蓝色光点起到强调的作用，成为地区的标志
照片版权：Latz+Partner Landscape Architecture

三、北京798工厂景观设计：对于中国后工业改造的实践

近年来，我国后工业遗产的再利用逐渐成为热点，其景观改造也受到了重视。

在2005年毕业设计的课题定向中，笔者选择了位于北京西北部大山子附近的798工厂，并在彼得·拉茨教授的指导下完成了设计。

该项目是位于北京西北部大山子附近的电子管厂，为1957年前东德援建项目，几十位德国专家采用当年最先进的建筑工艺和包豪斯设计理念，完成了这一现代工业建筑作品。在以后的几十年里，这里都是全国最大和最先进的电子管厂，鼎盛时期工人近2万，占地约120hm^2，目前留下的建筑面积约20余万平方米。

20世纪90年代以后，随着工厂的衰败，工人大批下岗，各厂均产生了一大批闲置厂房，到2001年，已有约70%的厂房停产，几千工人的养老退休金如何解决已成为摆在面前的问题。除了用其他生产手段尽可能对工厂进行低效率的维持外，厂方只有出租厂房以解燃眉之急。由于租金低廉，很多艺术家进驻此地，逐渐形成了现今小有名气的大山子文化区。但围绕拆还是留的争论，一直没有明确的结论，作为企业所有者的七星集团，将其拆除而改建为综合商业用地的可能也一直成为人们关心的话题。

798工厂位于北京的城东，四环到五环之间，周边围绕着中央美院、望京小区与使馆区（图14）。独特的位置，使其具有得天独厚的环境资源，可以成为相对集中的文化艺术区。各种艺术文化机构以及艺术家个体，都在纷纷涌向这里。每年约有几十家新的艺术画廊、工作室、酒吧落户在此。到2005年为止，厂区内已有超过100家艺术画廊及酒吧服务场所，在国内外颇具影响。

但总体来说，迄今为止该地区还没有统一的规划和设计。还在运作的厂房、废弃的厂房、艺术家工作室、酒吧、餐厅、各种小公司混杂在一起，布局混乱。室外场地破败，道路崎岖不平，与建筑内部光鲜的装修形成了鲜明的对比。

笔者对798区域的设计包括规划和景观两部分。

首先是从整体规划层面考虑的功能整合问题。考虑现状及产业发展需求，将整个场地分为几个区（图15~16）。保留已建成的商业住宅楼及光电技术研究所。对用地南侧的现有建筑进行详细的调研，拆除部分破败的建筑，将大空间改造为艺术展览馆。小空间则成为艺术家作坊，可以制作兼出售。其他部分则根据需要分别为工业博物馆区、艺术或语言学校用地、艺术家住宅及办公管理用房（图17）。

从景观改造层面，重点对3312大厂房四周的景观环境进行设计（图18）。现仅开发了其东侧的部分，南侧广场经过整修，已成为该地区的中心。

项目启动的第一阶段，应打造其突出的特色和便捷的参观路线，使其成为地区的代表。

笔者在设计中，主要通过四个广场、两条通道串联主要参观路线，包括艺术展览空间、文化交流空间、手工艺作坊和工业文化教育基地：

在整个厂房的改造设计中，通过对现有两条通廊的扩宽和顶部改造来形成新的有活力的空间，露出的锯齿形天窗将使通廊恢复明亮的原貌，宽度也由现在的5m拓宽为15m。在将来其不仅是交通空间，同时也是提供交流和展览休闲的多功能空间，成为参观的一部分（图19）。

鉴于竹类植物不易在厂区内生长，在走廊里选择种植常绿植物广玉兰。配以木质座椅，创造温暖、明亮、自然、流动的空间。

整个参观流线都使用了传统的青砖，不仅具有中国特色，也物美价廉。做到内外交融、流动灵活。

参观路线中所串联的四个广场分别为：

入口广场：利用现有地面开口的方井，结合方形展览灯箱，成为独特标志物。

休闲广场：位于厂房东北角，作为参观者休息的场所，设计枫树林、小水池及草坪座椅，营造出宁静休闲的气氛。

工业广场：保留原有涂鸦的墙壁，前面增设小舞台，周边管道予以保留。结合西侧的烟囱、工业博物馆厂房和东侧还在运行的工厂，形成工业广场（图20）。

艺术广场：结合北侧展览大空间与南侧小尺度手工艺作坊，在室外空间的设计中，利用不同颜色的铺装，体现周边建筑的不同尺度及功能。场地中原有的树木被全部保留，中间稍大的空间则作为集会场所。

在798工厂改造的设计过程中，笔者希望能够在保留原有工业元素的前提下创造出新的景观和生活（图21~23）。虽然其仅是一个模拟的课程设计，仍要充分考虑项目不同的开发阶段和根据我国国情作为工业景观改造的可操作性（图24~32）。

2006年，笔者归国，再赴798工厂，发现厂区的改造在更加飞速的发展之中，多方人士对本地的重视程度与一年前也不可同日而语。增加的艺术画廊及休闲娱乐场所几乎占据了所有能够开发的空隙。但人们在庆幸其短期之内不会被拆除之余，也对其前景怀有隐隐的忧患。我们希望798能够长久地有活力地生存下去。

四、结语

后工业景观改造在中国是一个新的领域，同时也是亟待加强的领域。

近20年来，我国经历了持续、快速的工业化和城市化。同时，一些重工业逐渐从大城市中迁移出去，它们所遗留下来的场地及所引发的环境及社会问题亟待研究和解决。而在我国近年后工业景观的改造中，多数只有简单的改造利用，缺少整体性的规划，建筑改造粗暴，并欠缺室外场地空间的考虑。这一方面不是可持续的工业改造，建筑的衰败仍然在继续；另一方面也很难提升档次，只能依靠参观者的好奇心维持。

本文介绍的一些后工业景观解析和研究方法，希望对我国调整后工业用地、整治并改造、利用污染的环境，提供有益的参考。

参考文献

[1] 北京798工厂 主编：黄锐

[2] 参考网站：www.latzundpartner.de

作者单位：清华城市规划设计研究院

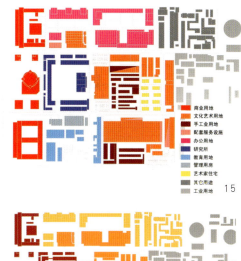

14. 区位分析图
15. 功能整合图
16. 开发时序图
17. 现状功能分区图
18. 3312厂房轴侧图
19. 3312厂房通廊
20. 工业广场

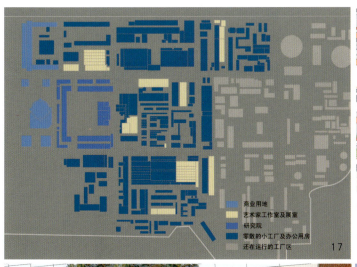
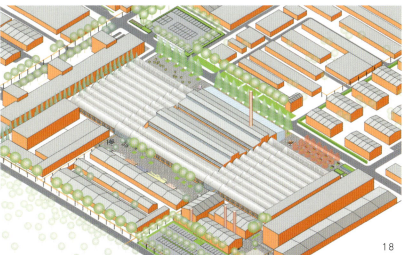

21.3312工厂通廊透视图
22.3312北入口
23a.23b.23c.23d.旧照片
24~28.798室内及室外现状照片
29~32.798时态空间室内照片

21

22

23a

23b

23c

23d

24

25

26

27

28

产业地段的创意再造，多元价值的综合平衡[1]
——以常州市国棉一厂改造概念规划为例

Creative Regeneration of Industrial Land, Synthetic Balancing of Plural Values
Concept renewal plan of Changzhou No.1 Cotton Factory

王建国 蒋 楠 王 彦 Wang Jianguo, Jiang Nan and Wang Yan

[摘要]文章通过对常州国棉一厂改造概念规划设计案例的分析，在城市设计、建筑改造、经济分析、价值判定等多方面进行了较为深入的研究，充分探讨了产业地段与创意产业结合的可能性，展现出产业地段改造再利用的美好远景。

[关键词]产业类历史地段及建筑、改造再利用、创意产业、多元价值、常州

Abstract: Through the analysis of the concept renewal plan of Changzhou No.1 Cotton Factory, the paper investigates the aspects of urban design, building renewal, and economic analysis, as well as the balancing of different values. It discusses the possibilities of combining industrial lands and creative industry, and foresees the prospects of reutilization of industrial lands.

Keywords: historical industrial district and building, reutilization, creative industry, plural values, Changzhou

引子

近年来，产业类历史建筑的再利用越来越受到普遍的重视，人们逐渐意识到：产业类历史建筑在城市发展历程中具有不可替代的历史地位。作为物质载体，产业历史建筑及地段见证了人类社会工业文明发展的历史进程，它们是城市博物馆不可缺少的构成部分，其在今天的去留，需要我们审慎对待。

从国际范围看，产业建筑保护的意义已成共识。2006年"4.18"国际古迹遗址日活动的主题即为工业遗产的保护。中国无锡则举办了"中国工业遗产保护论坛"暨"无锡工业遗产保护展"，并通过了关于产业建筑和地段保护的"无锡建议"。

从地方层面看，许多具有远见卓识的地方政府，在推动当地经济可持续发展的同时，也开始重视工业遗产的保护和利用，如北京正在考虑把即将搬迁的首钢厂区规划为文化创意园区的可能性；河北唐山正在委托东南大学开展焦化厂的改造再利用研究。各地还出现了一些积极保护和合理利用工业遗产的典型例子，如北京798艺术街区，上海苏州河仓库改造，广东中山岐江公园等。

江苏常州是江南近代民族工商业崛起的重镇，常州国棉一厂位于常州市中心城区内，毗邻京杭古运河，如今仍是常州纺织品出口创汇的重要生产基地(图1)。

随着常州市产业结构的调整，中心城区内的产业内容亟需进行补充和完善。国棉一厂面临着功能置换和搬迁改造，这片工业厂区也将

1. 区位分析图
2. 总平面图

被赋予新的城市功能。但厂区内大部分建、构筑物使用状况良好,无论从历史文化、经济价值,还是资源可持续利用等角度,对厂区的改造开发都不能是简单的夷平重建。国棉一厂地块的改造应充分体现多元价值的综合平衡。

为了科学合理地进行城市更新,切实可行地保护产业遗存,常州市国棉一厂地块的改造被提上议程。东南大学建筑学院与常州市规划院于2006年8月获邀参加其概念规划设计,并已取得一定的研究成果。他们希望在产业建筑改造话题逐渐为大众关注的今天,通过对产业类历史建筑及地段实践层面上的实证研究,进一步引发该领域积极而有益的探讨(图2~3)。

一、产业地段的创意再造

常州应利用自身得天独厚的条件,树立正确对待历史遗产的观念,发展由产业用地调整和遗产保护带动的相关综合产业,促进过去、现在、未来相联系的有机发展。国棉一厂由于其蕴涵的特殊历史价值、"负廊临水"的空间布局格局,以及具有改造再利用潜力的工业建筑(图4),简单的夷平重建并非最佳策略。

产业建筑及地段的改造往往伴随着创意产业的发展,也就是说,相当一部分的厂房改造后将成为创意产业的容纳之所。创意产业是一种以人的创造力、技能和天分来获取发展动力,并通过知识产权的开发和运用,创造潜在的财富和就业机会的产业[2]。创意产业是二、三产业共同发展的结合点,是城市经济发展的新内容和新载体。

创意产业最早起源于英国,英国在创意产业的路径文件当中把它定义为由个体创意技巧和才能,通过智慧财产权的生存和利用,有潜力创造财富和就业机会的产业。英国把创意产业归为13类,包括广告、建筑、美术、手工艺、设计、时尚、电影、休闲软件、音乐、表演艺术出版业、电脑软件和电视等等。

近年来,国内的创意产业也得到了迅猛发展。目前上海已有十多家创意产业集聚区,并基本都是用老厂房改建的。如位于卢湾区的泰康路视觉创意设计基地,已进驻了10多个国家和地区的近百家视觉创意设计机构,形成了相当的产业规模。

常州的文化艺术拥有悠久的历史,名人辈出,且近年涌现了一批在国内外有影响的新生代艺术家,如知名青年画家莫雄、知名观念影像艺术家洪磊等,他们都经常在家乡开展创作活动。如能在常州找到合适的地段和建筑载体来提供并发展创意产业,对提升常州城市的文化品位和档次,展现城市发展历史,培育城市文化精神,实现城市面向未来的产业调整目标无疑具有极其重要的现实意义和价值。根据对常州目前市场的分析,城市中尚缺少具有聚集、孵化和培育功能的物质载体。从国内外一批成功的案例实践看,结合城市旧有产业用地的改造和升级换代(退

旧纺织厂房

改造再利用

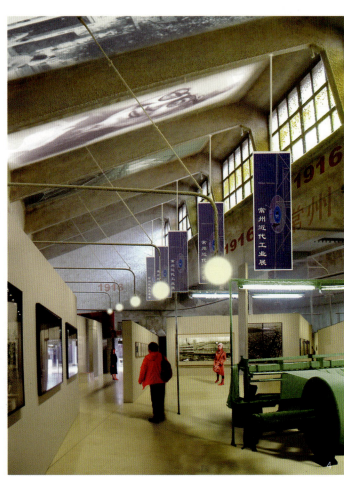

常州近代工业博物馆

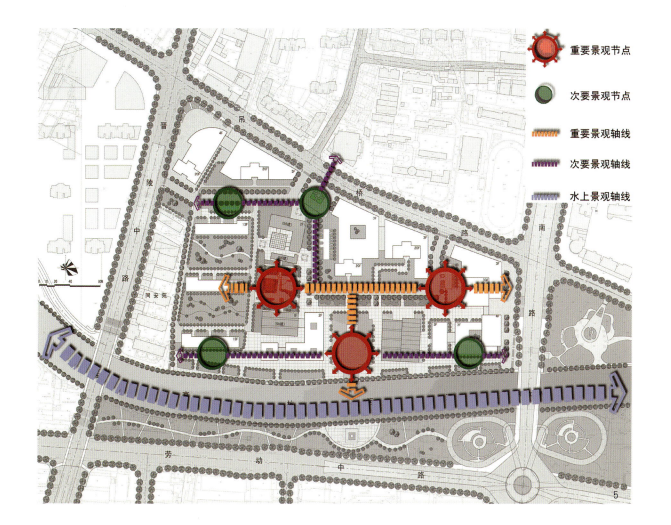

3. 鸟瞰图
4. 厂房现状
5. 规划分析

二进三，退二优三）来开发此类文化、艺术、科技创意园区是最有发展前景的选择。

本案涉及的国棉一厂目前拥有的优越区位条件、深厚的历史背景、独特的滨水优势和极富改造和再利用潜力的建筑，恰巧能够应对这样一个符合世界城市发展趋势和未来城市功能和结构调整的战略预期，并赋予城市以蓬勃的生命力。

基于对国棉一厂细致的调研及分析，我们可以设置如下表所示的建设内容：

编号	建设内容	位置	建造方式	比照案例
1	"1916创意园区"	地块南侧滨水区	老办公用房改造和新建	纽约SoHo、上海八号桥时尚中心
2	常州近代工业博物馆	地块南侧滨水区东侧	老厂房改造再利用	上海城市雕塑展览馆
3	高档滨水住宅区（高层和小高层为主）	地块西侧地块和沿吊桥路一线	新建	上海新天地翠湖天地
4	沿吊桥路和晋陵路商业配套建筑	地块西侧地块和沿吊桥路一线	新建	
5	高档商住综合楼	地块东北角，吊桥路和和平路接合部	新建	

二、水绿相融的空间格局

根据现场调研分析，常州国棉一厂地段由于经过多次改造翻新，历史性的老建筑、老厂房所剩无几，由于常州国棉一厂目前的遗存主要是1950年代后的建筑，有价值的主要包括两栋办公建筑及其附属花园，以及一处有锯齿状天窗的老厂房，建厂时的建筑遗存已不复存在，原始的历史脉络只余工厂"负廊临河"的场地关系，所以"保护为主"的方式并不适合本案，而适宜采用保护再利用与新建为主结合的开发模式。这样，既能最大限度地保护产业遗产，又能通过地产项目的开发进一步提升地块价值，取得开发与保护的和谐共赢。

本案遵循了"水与绿"的城市设计概念，开发内容包括"1916创意园区"、由中央绿轴和内港水面构成的"丁字形"的开放空间绿轴，东侧毗邻和平路地块的办公写字楼，西侧和北侧沿吊桥路的住宅公寓和商业设施等。经过改造再利用，场地为人们提供了理想的观光休闲的环境氛围。原有的场地历史被浓缩到一个改造成住区会所的原办公建筑、原先的一处庭园和改造成常州近代民族工商业发展历史陈列和创意文化艺术展示用途的滨水工业厂房中。

本案的空间规划蕴涵了历史上形成的"负廊临河"格局，以及与周边城市街区走向和肌理脉络的关系，使得新建项目能够合理融合到一个历史时空的场域关系中。

在功能安排上，"T"字形的中心绿核，将基地分为三大功能区,即沿京杭运河滨水一线建设的城市公共绿带和活动空间,毗邻绿带"L"形地块建设的"1916创意园区"和利用老厂房改造而成的常州近代工业博物馆;沿吊桥路一侧、吊桥路与和平路节点以及基地西侧,则开发高档住宅和商业,以中高层和高层为主。

在交通组织上,入口分别被设置在吊桥路和西侧晋陵路上,同时结合建筑布局布置了地下车库的出入口。规划道路系统成"北斗七星"状,实行人车的相对分流,既保证了交通的顺畅,也保证了步行空间的完整。主入口两处,分别设置在吊桥路和西侧晋陵路上,同时结合建筑布局布置了地下车库的出入口。区内步行道路以及硬质铺地广场、嵌草铺装室外停车场皆可用作紧急消防通道以及回

a. 保留的办公建筑:建于上世纪50年代,质量上佳,外立面保存完好,建议内部进行功能置换。因其处于临近北主入口的良好位置,可作为周边住宅、住区的高级会所,为居民提供交往、娱乐、休闲的绝佳场所。一个玻璃盒子的加建,增加了使用面积和灵活性,并与旧建筑形成鲜明的对比(图8)。

b. 保留的纺织厂房:结合厂房的北向高窗,可以满足展品陈列、书画创作等活动的要求,再加上工业厂房的独特气质,是常州近代工业博物馆使用的理想场所,同时部分空间可以成为艺术家们的创作之地。在空间使用上,大空间能带来平面上和立体上的多种可能性,如可划分为大小隔间,设计中庭、加层和夹层,形成屋中屋的室内效

6. 内港改造意象
7. 规划"T"字绿心

车道(图5)。

外部环境的优化与重组是国棉一厂地段改造的核心内容之一。在本案中,内港的塑造和一些产业元素(吊车、屋架等)的室外展示,唤起了人们对场地特定历史的追怀和对产业历史价值的认同感,也有利于激发艺术家们的创作激情,形成良好的艺术氛围和环境品位,提升该地段的人文和历史价值。

a. 内港:将运河引入场地,创造出类似美国巴尔的摩内港的滨水氛围,其四周为木质栈台,可设置室外咖啡、茶吧,成为常州高端消费的品位之所。并可作为游船码头,提供水上的游览线路,丰富滨水开发的内容(图6)。

b. 吊车、屋架:作为工业时代的印记,可以激发场地记忆,昭示场地历史。原大型纺织车间拆迁后剩下的屋架被置于内港,形成了颇具震撼力的产业雕塑,并暗示着国棉一厂的光辉历史。四座塔吊并置于运河岸沿,再现昔日滨水产业地段的生产流程,并作为地标吸引人们关注的目光。

c. 绿院:保存的20世纪50年代建筑群内部的绿院将进行植物的优化配置,并结合设计的东西向的绿色廊道,形成整个场地的"T"字形绿心(图7)。

三、赋以新生的建筑改造

内部空间的整治是旧建筑改造与再生的核心。因经济因素的影响,大部分为使用空间的增加和密实度的增强。对保留的旧建筑将根据其实际情况加以改造:

果,能很好地适应艺术创作者的需要。

四、项目改造的多元价值

1. 示范(政治)价值

工业建筑和棕色地段的改造如今已逐渐被广泛关注。通过该厂的改造与合理利用,既可有力地见证常州市生态化、和谐化发展的城市建设进程,体现出政府重视历史遗产,坚持走可持续发展道路的决心,成为示范性的切实举措。同时,该地块的综合保护及开发又可带来环境、资源、经济等多方面的效益,为将来常州的产业用地开发及再利用提供借鉴(图9)。

2. 历史价值

国棉一厂是常州近代民族工业的重要发源地之一,刘国钧先生在此兴办实业,开创了常州近代民族工商业发展的先河,其后历经磨难,成长壮大,成为常州近代工业发展的重要历史见证,其场所意义不言而喻。保存部分构筑物和设备,并对该地区进行保护性的开发无疑将昭示出这段不容抹煞的光辉历史。

3. 经济价值

该厂现有主要建筑还未达到使用寿命极限,尚有利用价值。同时其生产厂房、综合仓库等大空间建筑在改造上又具有改变功能使用的灵活性。其结构比较艰固复杂,如果拆除反而可能要付出比改造利用更高的成本。保留有价值的厂房,并对其实施适应性再利用符合可持续发展的人

类共识。

4. 景观价值

工业厂房体现了现代主义的审美价值观，具有较强的视觉冲击力和明显的可识别性。若在此基础上进行改造和艺术处理，可以创造具有常州地域产业建筑特色的环境。

5. 科普价值

利用原厂房改造而成的常州产业发展陈列馆可保存部分典型的设备，展示纺织生产的主要流程，从而成为重要的爱国主义科普教育基地。

五、效益优先的开发预期

产业地段的改造终究将结合市场，一个没有市场效益支

我们发现，常州缺少艺术聚集区，市场对于住宅、餐饮、娱乐消费的热情较高。因此，此时的开发目标可以定为"1916创意园区"的进一步完善，设立高端餐饮、商业、休闲娱乐和水景高档住宅区。最后，在前两阶段的基础上，根据市场的反应，调整各种业态的比例，培育成熟的消费市场。该项目最终将成为引领常州新思维、新生活的时尚风标，并将在江苏乃至全国具有一定的影响力。

六、结语

近年来，产业建筑遗产保护和再利用的意义和价值正逐渐得到越来越多的认识与肯定，国内相关实践的成熟度与影响力也在随之加强。然而，在中国城市旧城更新改造

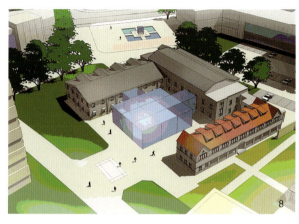

8. 办公楼改造意象
9. 鸟瞰效果

撑的设计，其实现的可能性将大大受到损害，更不可能实现上述多元价值的综合平衡。参照常州当地的拆迁、建安等相关成本，结合当地周边的房价状况，我们对项目的效益进行了经济评估和测算，并得出了较为乐观的开发预期。本规划总用地面积：10.82Hm²，总建筑面积168361m²，保留建筑面积6766m²。预计政府拆投入为20581.65万元，按土地出让价500万元/亩计，政府收益（毛）为60568万元。而开发建设成本包括前期、土建、后期等阶段共计112899万元，商业、住宅、办公、餐娱等分别按不同单价进行销售预估，共计127128万元。项目预计开发收入为14229万元，收益率为12.6%，这对开发商而言是可以接受的。总体说来，经济分析显示出了项目良好的经济预期。

项目的开发时序大致可分为三个阶段：首先，政府组织工厂动迁安置，资产评估，土地收储，同时进行建筑使用质量的评估鉴定，确定保护、改造再利用和拆除的对象，然后开展必要的环境整治，促成滨水创意园区和西侧住宅区的建设。通过"1916创意园区"功能的引领作用，催生常州新型高档住宅开发与文化建设及城市滨水环境整治相结合的新模式。其次，在营造了独一无二的城市滨水环境和地块浓郁的文化氛围，集聚了大量人气的基础上，对沿吊桥路的剩余地块公开挂牌出让招商，此时地块的经济价值已经得到了极大的提升（包括上海"新天地"在内的国内外许多案例都验证了这一点）。地块可以按不同功能分块招商，也可以整体打包出让。根据前期的市场调研

已经将产业建筑及地段作为主要对象的今天，产业类历史建筑及地段的保护性改造再利用（Adaptive reuse）依旧是我国城市发展建设中一个不得不面临的，也是迫切需要解决的重要科学问题。常州国棉一厂改造概念规划研究试图提供一个研究的切入点，希望引发关于此类话题更为广泛和深入的探讨，并为中国正在进行的大量的产业地段改造提供借鉴和参考。

* 本项目由东南大学建筑学院与常州市规划设计院合作完成，主要设计人：王建国、蒋丙南、王彦、蒋楠等

参考文献

[1] 王建国，戎俊强. 城市产业类历史建筑及地段的改造再利用[J]. 世界建筑，2001(6)：17~22

[2] 王建国，蒋楠. 后工业时代中国产业类历史建筑遗产保护性再利用[J]. 建筑学报，2006(8)：8~11

[3] 国际互联网有关材料

注释

1. 国家自然科学基金项目资助项目，59578040
2. 上海市经济委员会，上海创意产业中心. 创意产业. 上海：上海科学技术文献出版社，2005.11

作者单位：东南大学建筑学院

德国汉堡"Fabrik"工厂改建
Renovation of Fabrik Factory, Hamburg, Germany

张 宁 孙菁芬 Zhang Ning and Sun Jingfen

这一项目位于汉堡的老城区，改造的对象是一个已经废弃的弹药军工厂。1971年该厂房被带有艺术热情的画家霍斯特·迪特里希（Horst Dietrich）和建筑师弗里德·佐纳（Friedhelm Zeuner）承租，改造成汉堡阿托那（Altona）区带有先锋性的艺术活动中心。他们俩当时抱着"人民在哪，艺术就该渗透到哪"的理想和信念，将这座位于市区中心的废弃厂房，变成了一个既提供商业餐饮，又容纳非商业的艺术创作与实践的市民性场所。在周边居民自愿的帮助下，他们为厂房加装了暖气以及一些必要的维护设施，包括噪声隔离设施。终于在1971年6月25号，这间工厂以全新的面貌向公众开放，成为当地艺术活动的中心（图1~2）。

然而它的改建并没由此结束。1977年2月17号的一场火灾，将厂房烧得只剩断壁残垣。戏剧性的是，这次事故并非它建筑生命的终结，而是一个新的开始。此后，霍斯特·迪特里希四处求援，希望能重建厂房。而与此同时，火险公司对残骸的鉴定和评估将此次火灾判定为意外事故。终于，工厂的复建迎来了新的希望。

复建的大方向，是在原有的基址上建造新建筑。经过多次商榷，方案被定位在"反映原厂房气氛和特质的新建筑"，而非一味追求"原貌"的仿制品。

有趣的是，方案设计从一开始就受到经费预算和其他外因的限制。预料之内和之外的各种因素杂糅在一起，成就了最后我们眼前的这座"Fabrik"。由于经费紧张，为建筑内外表面刷装饰涂料都被视作奢侈的浪费而被取消，有限的资金都用在了"刀刃"上，比如建筑隔声。由于厂房身处市区，又有音乐厅和录音室的功能需要，建筑的对外隔声显得尤为重要。所有的窗户，包括屋顶中央的长形天窗，都装上了隔声玻璃。同时，鉴于以前惨痛的教训，复建方案安排了足量的逃生出口和防火楼梯间，以满足剧场疏散和防火的需要（图3~4）。

楼梯间是一个尖角外向的立方块。原本打算作为主入口处理的，但由于结构问题，最后只能扮演起重机雕塑底座的角色，失去了原先的实用意义（图5）。

为了在新建筑中体验到原来的室内气氛，复建方案继续延用木结构的巴西利卡三段式。不同的是，新建筑内有三层展廊，而不是过去的两层，新添了一个带后台的舞台，以及通过户外上到高层的观众席走道（图6~7）。部分地板和窗户的重建结合了原有建筑的残骸。这种因地制宜的方式与工厂的风格很是相称。而这次重生最显眼的标志便是立在入口之上的大起重机——工人社区的新地标。

了解欧藤森（Ottensen）地区的人都知道，它曾经只是一个小村庄，在普鲁士帝国初期，才发展成一个能与汉泽城（Hansestadt）竞争的工业区。所以，它和Menck&Hambrock工厂一样，在生产车间的正上方会有一台标志性的大型起重机。这台起重机作为欧藤森历史的见证，在Fabrik的复建中被保留了下来，同时它的存在也迎合了"工业建筑的艺术"这一主题。值得一提的是，这座起重机不仅是"Fabrik"的标志性招牌，也为它赢得了复建的经费赞助（图8~10）。

作者单位：德国斯图加特大学

1. 汉堡"Fabrik"艺术中心临街外景
2. 汉堡"Fabrik"艺术中心室内活动场景
3. 汉堡"Fabrik"艺术中心二层平面
4. 汉堡"Fabrik"艺术中心三层平面
5. 汉堡"Fabrik"艺术中心巴勒街临街立面
6. 汉堡"Fabrik"艺术中心改建后室内1
7. 汉堡"Fabrik"艺术中心改建后室内2
8. 汉堡"Fabrik"艺术中心标志性起重机

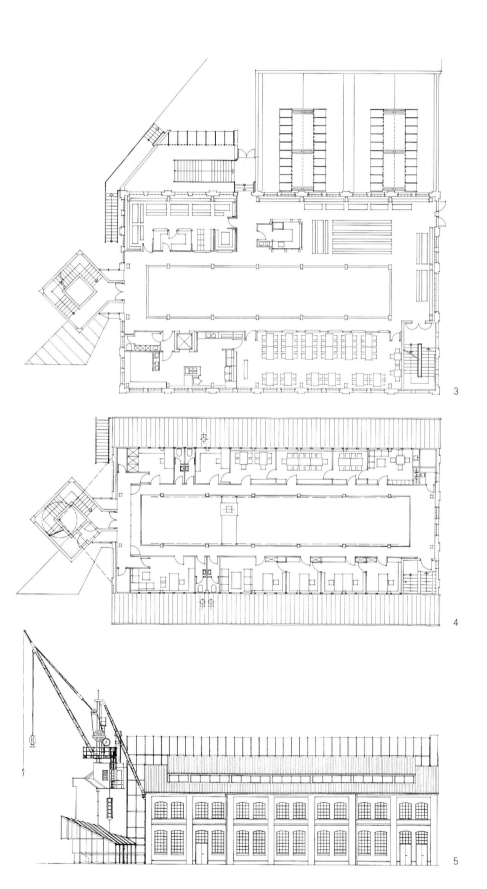

德国汉堡"Zeisehalle"媒体中心
Zeisehalle Media Center, Hamburg, Germany

袁 珏 Yuan Jue

Zeise工厂是有着一百多年历史的老厂房了，它位于欧藤森(Ottensen)城区的核心位置，曾经是生产船体螺栓的老牌工厂。这种大螺栓起先用于马车，之后用于造船厂所需的港口有轨列车。20世纪70年代末期，在强大的国际竞争压力下，该厂房终于结束了传统的工业生产。

废弃掉的厂区包括3个紧密围合的厂房，属于内城中小规模的工业厂区。其改建规划始于1990年，项目建设则是持续了1991～1993三年的时间(图1)。

今天，出现在Zeise工厂大厅的，有多家电影制作公司、三家影院、两家出版社；有餐厅、书店与音像店；有电影、戏剧、音乐剧专业的大学研究所；甚至还有一家幼儿园。同一屋檐下所容纳的，不仅是这些形式各样的机构，也是丰富的生活与各样的人群：从悠闲享受阳光的老人到踩着滑板跃过台阶的青年，从顶着一头红发披着奇装异服的朋克到西装革履的商人。似乎各种人都能在这里找到容纳自己的空间(图2)。

改建的概念是将它建成一个典型的城中城，把厂房变成一个带顶的城区；这好像一个由城墙圈出的领地，建筑师在其中重新创造着或开放、或封闭的城市空间。

它有自己的公共广场，广场的"露天咖啡"就正对着影院的入口；它有自己的城门，一个竖立在剧场入口前方的印花铁门，高大威武；当然，它也有临街而立的房与窗。

为了实现工业建筑保护的主题，改造方案必须很好地平衡新与旧的关系。所有新加建的部分都用鲜艳的色彩或新式的材料与旧有材料区别开。比如入口紧邻通道的餐厅，就使用了蹭亮的着彩漆的铁石。加建房的灰色钢梁以及整修后的屋顶都强烈地反衬出老墙上经年磨损后泛红的灰褐色墙砖及历史悠久的屋梁(图3～7)。新旧柱子交织排列在一起。新嵌入的小房子种类多样，富于变化，也给室内增添了活力。它们在立面上相互交融，极为流畅，单从外部很难辨别它们之间的边界。虽然看似随意，但若仔细观察，还是能发现其中的规律：立面的玻璃壁板都规则地重复着五的韵律；而每隔五块壁板，就会出现一根直顶到屋顶横梁的支柱。

新嵌入的小建筑处在一个长形空间内，以一种让人兴奋的自由形态展现自己的特征。此处几乎没有一条线是和旧有建筑平行的。它们对历史环境的干预非常地明了而干脆，一点也不矫情、不掩饰，以便让人一眼就能认出那些"侵入性行为"(图8)。比如留在老建筑上的钻孔(以前有功能作用的)，都用彩色的符号表明并强调。通道上方的那座连接各个电影公司房间的桥也被漆成亮绿色。为了连接早期轮船螺栓厂的各个建筑，桥体必须在多处穿墙而过，形成通道，因此要用鲜艳的绿色将其标识。于是室内屋顶衬出的亮绿、城门装饰中的鲜红以及位于影院之间可见的楼梯间的浅黄色栏杆扶手，都成为这个暗红色景观中的重音(图9)。

关于城中城这个课题(图10～11)，建筑师能提供怎样的变体方案，还在一侧的厂房大厅继续试验中。这个大厅是为汉堡大学戏剧、音乐剧及电影专业提供的研究所。厂房大厅原先的使用者是一家超市，但由于租金太贵，不久便搬走了。自此之后这个大厅被长期闲置着。出于历史保护的需要，大厅的室内不准被改动，因此在它内部设置新功能非常困难。最先将它改作媒体大厅的概念，是在其中堆积一些大纸箱或是集装箱，以解决室内空间不能改动的矛盾。集装箱们被漆成红、绿、蓝色，通过在横梁轨道上运行的吊装臂(当年可是用来移动成吨的轮船螺栓的)来堆积成建筑。教授和助手们都有自己独立的包厢，就连讨论课的教室，也被安置在集装箱内。大厅内设置的排练舞台和电影工作室也都是用可移动的分隔墙来创造电影和戏剧所需的环境。这种由多样性带来的建筑生命力自会在今后的使用中被印证。

作者单位：英国PRC建筑设计集团上海佩尔西建筑设计咨询有限公司

1. 汉堡Zeisehalle媒体中心厂区总图
2a、2b、2c. 汉堡Zeisehalle媒体中心改建后平、立、剖面
3. 汉堡Zeisehalle媒体中心带顶街头咖啡店

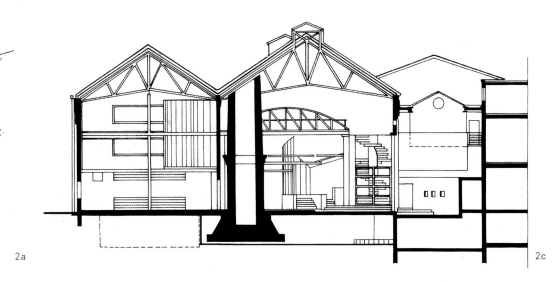

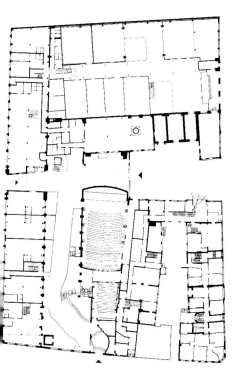

4. 汉堡Zeisehalle媒体中心改建后厂区内色彩对比
5. 汉堡Zeisehalle媒体中心影院中的红黑色调
6. 汉堡Zeisehalle媒体中心老工厂的铁石色环境
7. 汉堡Zeisehalle媒体中心玻璃通廊一瞥
8. 汉堡Zeisehalle媒体中心山墙的创意
9. 汉堡Zeisehalle媒体中心改造后互相交融的材质与色彩
10. 汉堡Zeisehalle媒体中心穿插的办公区街巷
11. 汉堡Zeisehalle媒体中心城中城

德国杜伊斯堡内港改造项目
Regeneration of Inner Harbor in Duisburg, Germany

孙菁芬 张 宁 Sun Jingfen and Zhang Ning

自19世纪起，这个莱茵河的门户就一直是杜伊斯堡人的经济梦想。1828年起，这里就逐渐滋生出一些产业，起先服务于外港，之后服务于向东延伸的运河区。当时的内港主要是为矿用木材转运提供便利——鲁尔区的矿业当时对木材的消耗量非常巨大；同时也是由欧洲各地而来的人进入鲁尔区的门户；更是为鲁尔区的激增人口提供后勤保障的粮仓。但随着内港的经济萧条及港内企业的外迁，人们开始思考和寻求内港新的出路，希望通过对区域功能的重新定位，为它植入促进经济再次发展的新鲜血液（图1）。

1990年，这个联合了城市规划师、建筑师、项目策划师的内港规划成果公诸于世（图2）。全过程由伦敦的福斯特事务所以及凯泽（kaiser）建筑技术公司、土地发展联合会、信托公司共同合作完成。方案包括对老仓库的改造设计；港口区内的水体设计；新建的居住街区内运河水体设施的布置以及一个名为"欧洲之门"的新月形11层地标性建筑等（图3）。由福斯特事务所完成的改造总图是一个完整的控制性规划，之后的单体建设都会依照这个设计逐步地实施。

港口内闲置的老仓库，自1991年起，作为"文化与城市历史博物馆"向公众开放。20世纪初期的老工业建筑和新建的这些玻璃、钢结构的建筑交织在一起。在传统的磨坊工业建筑外皮之下，展现的是城市的历史、内港经济区的发展，以及留存下来的那些怀旧气息。

对杜伊斯堡城来说，第一个仓库改建项目无疑发出了内港全面复活的启动信号。而首先启动的是北部码头的一些大型工业及货物转运企业，紧接着南部河岸的博物馆改建项目也开始了。整个项目实施的方针是，首先要确保现有的企业能够留在港内继续发展，然后再拓展内港的新职能，让相关的企业和公司逐个地在港内"平稳着陆"。

为了内港改造项目的迅速实施，在1993年城里发展了联合会，以控制并协调整个项目。杜伊斯堡城和北莱茵-威斯特法伦州的参与各占联合会的50%。联合会的成立和运作，不仅完成了私人投资赞助的整合，也使得整个项目能有条不紊地依照规划设计来实施。

工作、居住与文化生活是实现内港区繁荣的三个重要主题。

提供就业数量和环境是实现这一地区产业更新的一个重要的基本前提。在过去的10年中，杜伊斯堡内港发展联合会实现了整个区域土地的接管和整合，为区域后面的发展铺平了道路。之后内港区的复兴主要是通过私人的经济投资来得以实现。这种经济结构调整的结果是有目共睹的。重要的历史性建筑——仓库建筑和磨坊建筑都被妥善地保护和改造；而在清理出建设用地之后，很多单个的建筑项目也逐步开始实施。到目前为止，整个区域提供的高标准办公面积已达145000m^2（净面积），提供的就业岗位逾4000（图4）。

发展具有现代风格，能提供高生活品质的滨水居住环境也是内港改造的焦点之一。通过住宅街区的建设，可以形成良好的城市运河景观，并将水景引入到城市生活中。目前计划在内港区建设的居住单位约有700个（图5~6）。而包括福斯特在内的多家建筑事务所也参与到了新住宅的规划与设计中。这些新住宅有着开向水面的宽敞玻璃窗，多为阁楼或公寓式，以满足住房市场中新的客户群体，既能作为房产出售，也能租赁。

文化娱乐生活也是内港改造比较有特色的一项。首先，内港改造方案中设计了很好的步行系统和步行环境（图7）。人们可以选择多条游线沿河岸散步、慢跑。其次，在步行路线上安排了博物馆、餐厅、咖啡厅等文化休闲设施——文化博物馆和城市历史博物馆展现了杜伊斯堡城和内港的发展过程，以及当年的仓库与磨坊工业所带来的城市风貌。除此之外，还有丰富的水上运动。玛利亚码头提供了133个游艇的停泊位，人们可以在此享受鲁尔区的水上观光（图8）。

作者单位：德国斯图加特大学

1. 杜伊斯堡内港改建改造前区域原貌
2. 杜伊斯堡内港改建规划总图
3. 杜伊斯堡内港改建欧洲之门模型
4. 杜伊斯堡内港改建滨水办公建筑

5.杜伊斯堡内港改建滨水居住建筑
6.杜伊斯堡内港改建内港住区
7.杜伊斯堡内港改建内港步行景观

8a.8b.杜伊斯堡内港改建水上娱乐休闲
9a.9b.杜伊斯堡内港改建福斯特设计草图

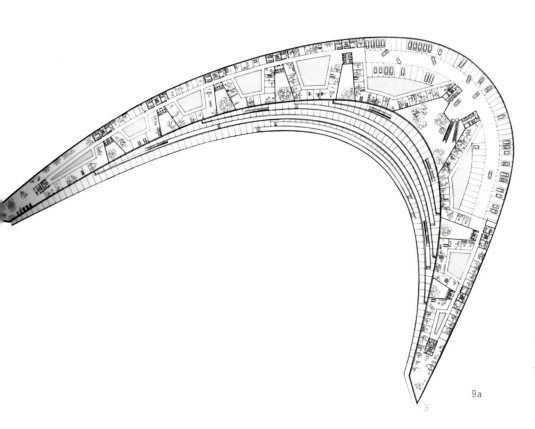

德国杜伊斯堡北部景观公园项目
Northern Landscape Park, Duisburg, Germany

董莉莉 Dong Lili

杜伊斯堡北部郊外由工业区改造而成的人文及自然景观公园的前身是一个大型的城郊工业区，如今它也是国际建筑展——埃姆舍公园(IBA Emscher Park)项目中的一部分，在其生态圈和环境治理系统中都扮演了重要的角色。

园区所处的杜伊斯堡北部属于埃姆舍河的引航区，在19世纪中叶迈入工业化阶段。它的繁荣主要得益于周边繁荣的冶金及采矿业。20世纪初，为满足周围冶金业的需要，这里成立了一家烟囱生产厂，紧邻当时发掘不久的煤田。这家工厂的经营一直持续到1985年，之后由于欧洲钢铁行业生产过剩而关闭。因钢铁生产收缩而留下的200多公顷的工业用地，等待着人们的再度开发利用。这不仅是一个见证了当年繁重的人力劳动的无声场所，也是建筑史中意义非常的工业时代的象征。

作为国际建筑展-埃姆舍公园的项目之一，它历经1990年到1999年的10年时间，被设计和建造成为一片新型公园。这一项目被命名为"杜伊斯堡城北部景观公园"，位于梅德里希(Meiderich)与哈勃恩(Hamborn)城区之间(图1)。改建方案由皮特·拉兹(Peter·Latz)教授及其合作者设计。改建后，这片带有工业化印记的土地(比如铁轨的痕迹)完全被野生的植被和人工设计的绿地及园林设施覆盖。人们在此以一种新的维度体验着这片"工业自然环境"(图2~3)。

该区域中心区的冶炼厂已将旧有的工业设施改成现在的各类功用：原有的生产大厅内安置了文化和企业机构；废弃的储气罐被灌入20000m³的水，转而成为现今欧洲最大的人工潜水训练中心；德国的阿尔卑斯联合会将储存矿石的料仓装饰成爬藤植物的花园；早期的浇铸大厅如今被布置成钢丝攀爬越野基地(图4)；而熄灭的烟囱如今也成为了登高远眺的观光塔。由杜伊斯堡城任委托的企业联合会至今还在探求这一项目继续发展的潜力。

这一项目不仅有丰富的人文意义也有重要的生态和环保意义。首先要提出的是它的水储存系统。改造后的厂区有了精心安排的蓄水系统，通过疏导，将地面雨水搜集到两个阶梯状的水池中储存；再借助水坝等水利设施在旱季为埃姆舍(Emscher)地区提供灌溉水。另一个是埃姆舍(Emscher)的水渠系统。早在19世纪，人们就提出要整顿鲁尔区的污水排放。可是由于当地的矿山沉降严重，以至于根本不可能修建地下排水管道系统，于是只好退而求其次，开挖人工水渠河床来解决这个难题。每逢炎热的夏季，工业和家庭废水就会让水渠气味熏天。而今废水的排放已经改用了地下管道系统，管道的铺设与水渠平行，于是现在它终于由排污渠转变为清水渠(图5)。这些水利设施不仅在这一区域的生态环境中扮演着重要角色，也为公园游人的户外活动提供了丰富的场所。而在植被方面，经过长年的选种和野生培养，既兼顾了生物种类的多样性与生态上的平衡，又形成了良好的植被景观(图6)。

作者单位：重庆大学建筑城规学院

1. 杜伊斯堡城北景观公园总体模型
2. 杜伊斯堡城北景观公园工业自然景观1
3. 杜伊斯堡城北景观公园工业自然景观2
4. 杜伊斯堡城北景观公园钢丝攀爬越野基地
5. 杜伊斯堡城北景观公园清水渠
6. 杜伊斯堡城北景观公园景区植被

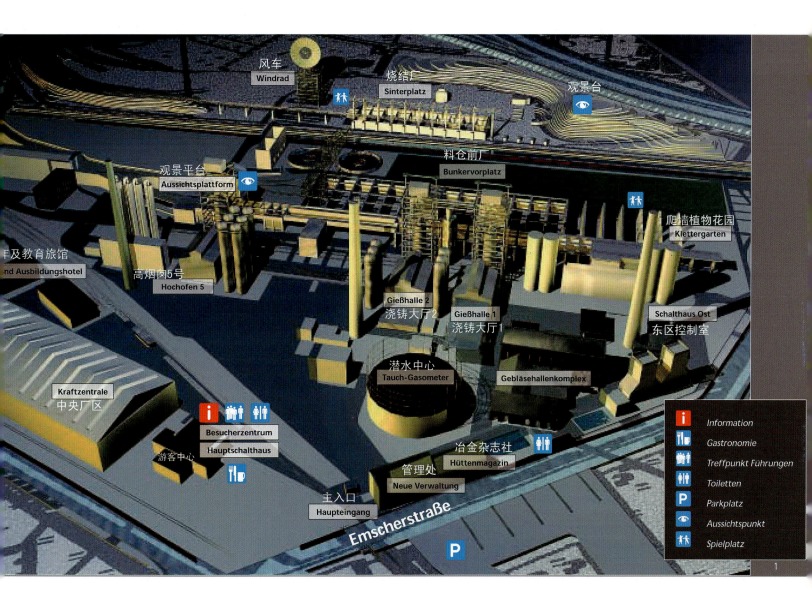

1. 渥石湾区位地图
2. 6,7号码头公寓的临水设有放置游艇的位置，成为码头建筑与水之间的过渡区域

澳大利亚悉尼渥石湾码头区改造[1]
Adaptive-reuse for the Walsh Bay Wharves, Sydney, Australia

赵 婧 王建国 Zhao Jing and Wang Jianguo

一、概况[2]：

澳大利亚悉尼市渥石湾及其附属关栈保税仓库位于悉尼湾以西的沙岩岬尖端，始建于1920年代，曾经是悉尼港的重要组成部分（图1）。

1970年代以来，随着世界性的集装箱运输与港口装卸作业机械化趋势，渥石湾码头区功能日益衰落。在最早的改造方案中，渥石湾地区曾经被决定全面拆除，并改造为停机坪式集装箱码头。但这一决定引起了很大的争议，因为该地区记录了20世纪初澳洲一个技术发达的船事港口作业状况，且由船桩、支柱、梁及其填充外包的规律性网格布局构成的码头建筑群也具有鲜明的特色，人称"悉尼境内20世纪初港口基础设施的最佳典范"。最后经多方斡旋和干涉，渥石湾码头区才免于被拆毁。

1984年，该区域9座码头综合体中的4/5号码头改造率先启动，并被改造为悉尼剧院公司的新总部。这一文化设施集中了剧场、排演场地、工作室及一条邻水的公共画廊等功能。画廊挂满了大量历史上的戏剧演出海报，营造出一种特有的艺术氛围。在纵贯整个码头直至尽端的剧院大厅与餐饮空间，人们可以尽览整个悉尼港的绮丽风光。

1994年，随着悉尼申办2000年奥运会的成功，州政府邀请私营企业参与投标渥石湾的重新开发，前提为99年土地使用权租约，目标为打造一个"卓越的开发项目·保持并加强该地区的特点及历史和文化的重要价值，引入多种

魅力与创新并备的更新再利用,鼓励传统的海事用途,并且促进更多的休闲享乐,以及悉尼港和滨水地带的公众可达性"。其结果是由企业家和PTW建筑设计公司共同编制的方案中标。

作为一个开发方案,PTW的总体规划提议修建430套公寓,106套服务式公寓,250间酒店用房,大约1.15万m²的商业空间以及1000辆车位的停车库。除了文化建筑以外,规划方案还包括数种建筑类型:手指型码头(2/3号码头与8/9号码头)、码头仓库、关栈保税仓库、新公寓建筑,以及一排新的联排式房屋。该方案设想仅仅拆毁两座建筑,两者皆为第二次世界大战后修建的关栈保税仓库,被认为不具备很高的历史遗产重要性。最主要的发展策略为:更新再利用大型工业建筑结构;策略性地填充3块闲置空地;联排房屋建在一组历史性的混凝土构架关栈保税仓库屋顶之上,嵌入砂岩地形。

二、实施案例

6/7号码头

整个渥石湾码头区改造的第一阶段是对于6/7号码头的改造,包括在原6/7号码头上新建的公寓以及建于和克森路立面背后的水岸公寓(shore 6/7 apartments)。

在具体设计中,一组新建的公寓作为新的元素插入了6/7号码头手指型的历史序列,并按照双层、木材框架的原始货物仓库结构韵律设计比例并进行调整。新建筑包括140个公寓(有单层与双层两种形式),一个游泳池与健身房,及位于码头甲板以下潮间带区域8000m²的地下室形式的停车场。临水设有停放游艇的位置,成为了建筑与水面之间的过渡区域(图2)。整个结构由208根混凝土填实的钢桩支持,替代了原先老码头的木桩。公寓特色为大面积室外阳台和百叶窗,立面清晰明了(图3)。

水岸公寓建于历史性的和克森路立面背后,其设计作为新元素显得很有创意,且很好地协调了现代和历史的脉络联系(图4)。沿滨水道的柱梁廊取材于码头结构拆除后循环利用的大块木材,在步道之上的木制框架穿插了公寓的钢材框架,虽然没有结构作用,但却因此建立了层次化的建筑元素关系(图5)。改造后的6/7号码头将公寓和新的滨水公共广场结合起来,成为人们重要的活动场所。

8/9号码头

作为渥石湾整体重新发展项目的一部分,贝思·马特事务所为将8/9号码头转变为商业办公多功能建筑进行了重新设计。原先场地上的三重尖屋顶货物码头(8/9号码头)最早用于羊毛出口贸易(图6)。该建筑建于1912年,特色鲜明,拥有很大面积的室内空间(图7)。同时,其处理操作羊毛捆的一体化斜槽与水力升降系统亦很有特色。

建筑的改造设计慎重考虑了这一历史敏感地带和建筑的适应性再利用。原建筑中大部分的历史肌理被保留下

3. 6,7号码头和水岸公寓2
4. 水岸公寓朝向水面开敞的现代立面和封闭的和克森路街墙对比鲜明
5. 码头结构拆除后循环利用的大块木材，作为公寓底层的柱廊，丰富了建筑立面的层次
6. 8,9号码头的三重尖屋顶

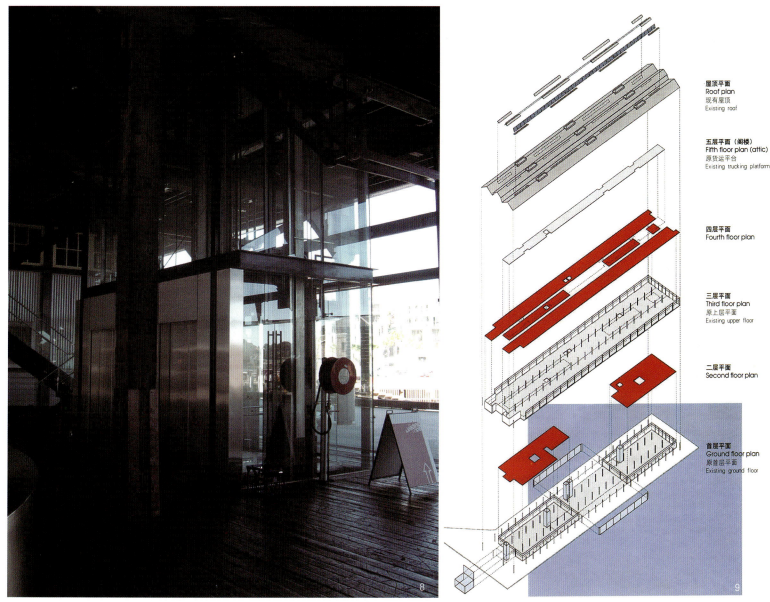

7. 8,9号码头拥有很大面积的室内空间
8. 电梯设计为精细透明的元素,崭新且又具备"工业化"的特点
9. 悉尼渥石湾8,9号码头改造示意——夹层与原楼板结构

来,而新建筑作为现代语汇和谐地介入到原先的历史序列中,与旧有肌理形成了强烈的反差(图8)。现代肌理的介入包括两个钢架支撑的夹层和四个会议室:在原来的通廊上方建立两层新的夹层空间,将原本的两层建筑内部划分为4层空间(图9)。夹层有镂空部分,长条形的空槽位于嵌入中央斜屋顶的天窗下方,从而使整个内部空间浸浴在天光里(图10)。玻璃栏杆包围的空槽嵌入夹层内,货物仓库的原有支柱穿过空槽,将其作为主要结构元素进行表达。同时,在长向东西立面为商业用途添加新的窗户,新的低窗被嵌入外墙板,以水平的可操作式百叶窗为屏,以减少新采光口所造成的视觉影响,同时又可调控阳光的射入(图11)。在首层,新的开窗被嵌入木材护壁板,原有的护壁板被改造为水平百叶窗。南立面则被重新设计,玻璃幕墙之后的退后大堂在断开联系的同时,还将货物码头的内部结构展现出来。在断开部分的上方悬挂着羊毛捆斜槽,形成历史的记忆。过去被用来穿越码头运输货物的原始通廊被结构性玻璃围合,形成门厅。

4/5号码头

4/5号码头改造之后成为了悉尼剧院公司的新总部。参观者穿过一系列特色迥异的空间,包括剧院、排演场地、工作室及一条狭长的公共画廊(图12),最后到达尽端的剧院通高大厅与餐饮空间。来访者在走过这个序列的同时体验了穿越不同标高的空间感受。

剧院综合体由建筑师兼剧院设计专家维维安·福瑞斯

(Vivian Fraser)与新南威尔士州政府建筑师共同设计完成。对于剧院设计的最初考虑是应将其置于4个手指形码头的哪个尽端。政府建筑师在进行了可行性研究之后，决定把剧院放在码头(The Wharf)尽端的和克森路上。这一决定遭到了福瑞斯的反对，出于美学的考虑，他认为剧院应位于海上。当时的设计艺术指导理查德·沃瑞特也支持这一想法，表示："希望这个设计有一种隐喻的含义：每次人们前往这里观看表演，就像做一个旅行"。新悉尼剧院的门厅和飞塔(fly tower)建设在1950年代的仓库拆除后的空地上，而后场及辅助设施房间都利用了仓库周围遗留下的建筑。

如今，一个200m长的木制步道连接了悉尼剧院公司总部。步道的两侧有巨大的玻璃，当人们穿过步道前往这个已有20年历史的剧院的同时，可以观览水中的悉尼港湾大桥。从街上去1号剧场或2号剧场时，参观者都可以到建筑最尽端的码头餐厅和东西两侧的滨水平台上，观赏月亮公园(Luna Park)和城市北面的天际线(图13)。剧院综合体在全木构架及木板外包的建筑中引入了符合人体尺度的空间及充满浓厚人情味的使用功能，同时结合了这一保留建筑和空地并存的特殊场地环境，为硬线条的渥石湾带来了崭新的生命与能量。

2/3号码头

2/3号码头作为渥石湾改造的一部分，被较完整地保留下来，并由新南威尔士州政府将其再利用成为文化设施。

改造工程重新更换了2/3号码头的木桩，修复了部分结构，重铺了建筑屋顶和屋顶上的信号灯，并围绕码头边缘加筑了混凝土防水。改造后的码头保留了所有具有文化意义的部分，拆除了旧有的石棉材料和室内多余构件，同时安装了消防安全设施及灯光、玻璃和钢制的电梯，并按设计的颜色重新粉刷室内。在2/3号码头还规划建设了水岸工作室，包括18间商业工作室、三个零售店和一间餐馆。对这一部份的改造继承了它们过去的工业建筑的特质，并结合了现代特点的细部设计，同时考虑到现代生活的需要、人们在此逗留的私密性和建筑的功能使用，使建筑有足够的采光，又避免了过度的夏日直射阳光。

三、结语

渥石湾的改造是在一个敏感的历史海湾地带上的大范围混合功能的开发与再利用。在谨慎考虑过历史遗存肌理后，改造采用了体现滨水工业文脉的现代建筑语汇。码头5个指形的改造各不相同：2/3号码头作为历史遗留完好地保存下来，而重建的6/7号码头则作为豪华私人住宅。工程沿水岸的改造创造了宜人尺度的散步平台，平台一端连接到循环港口(Circular Quay)，另一端通向达令港。

渥石湾改造将旧有的码头变成了公众可达并能参与其中的场所，使其成为城市功能结构的一部分，从而为这一地区重新带来了活力。但是功能的改变却未使此处因此与过去相隔绝，前往这里的人们在参加现代社会活动的同时，也依然可以从保留下的结构和细部中感受到其作为码头工业建筑的历史。

10. 中央斜屋顶的天窗与人工照明共同作用
11. 东西立面为商业用途添加新的窗户，新的低窗被嵌入外墙板，以水平的可操作式百叶窗为屏，控制阳光的射入
12. 通向剧院的画廊，室内采用了黑色和白色，挂满了演出海报
13. 4,5号码头尽端餐厅两侧的滨水平台看到的城市北侧的天际线

参考文献

[1] Caroline Mackaness and Butler-Bowdon, Sydney: Then and Now, London: Thunder Bay Press, 2005

[2] 国际互联网有关资料

[3] 卫瑞克，澳大利亚悉尼渥石湾地区的重新发展——城市尺度的适应性再利用，世界建筑，2006(5)

注释

1. 国家自然科学基金资助项目，50578040
2. 概述部分参考了詹姆斯·卫瑞克撰写的相关论文：澳大利亚悉尼渥石湾地区的重新发展——城市尺度的适应性再利用，世界建筑，2006(5)

作者单位：东南大学建筑学院

1. 墨尔本港口区范围图(Google下载)
2. 19世纪末的维多利亚港
3. 维多利亚港区地图
4. 今天的维多利亚港

澳大利亚墨尔本港区改造和产业建筑再利用[1]
Melbourne Harbor Area Regeneration and Industrial Building Reutilization, Australia

杨 宇 王建国 Yang Yu and Wang Jianguo

一、概述

澳大利亚墨尔本港区位于繁华的维多利亚港中心商务区(CBD)西侧，距亚拉(Yarra)河沿岸3km。港区的历史最早可以溯源到女王码头(Queen's Wharf)，1892年，在铁路转运货场的西端开辟了维多利亚码头。19世纪末，维多利亚码头对于城市的重要性与日俱增，到1970年，它一直是城市贸易中枢及工业与运输中心。20世纪70年代之后，由于集装箱运输需要更深的港湾条件和更大的堆栈场地，墨尔本就在维布(Webb)和斯万逊(Swanson)修建了新的港口，也是澳洲最大的集装箱港口。维多利亚码头区则在繁盛辉煌了近一个世纪后开始逐渐衰退，政府决定保护并利用这里的历史积淀和滨水特点进行新的开发建设。最终政府委托麦克戈(Ashton Raggatt McDougall)事务所对港口的整体规划进行设计。整个区域之后被划分为多个范围，由不同的公司进行设计和建造。

墨尔本港区现在是一个新的内城郊区，也是澳大利亚墨尔本城市复兴的重点工程(图1~2)。工程自2000年开始，毗邻城市CBD，占地2km²，包含有一个7km长的滨水地带。这一片区域预计将在2015年建成，有望成为城市中央商务区2倍大小的新区，以高密度的公寓为主。到2015年，此区域的居住人口将达到20000人，还将有超过25000人将在这里工作。

二、规划设计概念

墨尔本港口区总体的规划设计概念是：

1. 创造一个面向所有人的繁荣兴旺的水上世界。
2. 吸引来自不同国家地区甚至整个"地球村"的人到这里自由交流。
3. 旅游、生活、购物、工作、享乐的理想目的地，拥有全天开放的大范围水上活动区域。同时，这里还是集城市艺术、娱乐表演、生活、商业、技术、服务、运动、健康为一体的充满文化氛围的场所。人们可以在此体验到高品质服务、先端设计及公共礼仪。

其高品质的设计要点及吸引点在于伯克(Bourke)街的步行桥、港口散步大道和维多利亚港，还有一些水上节日和特殊的每年一度的文化展览会等活动。而港口区中心的维多利亚港被公认为墨尔本的一个"蓝色公园"，是一个集合了众多功能的活跃的水上世界。

在这里，提倡技术成为了一种生活方式。维多利亚港区作为一项新的城市设计改造工程大量运用了现代新信息技术，他们提出来的理念是：iPort+Docklands=Smart City(信息港+港区=智能城市)。改造后的码头区将被设计为智能城市，具有大众化、媒介化的特点，人们将可以在任何地点、任何时间享受到信息港的便利。

同时，墨尔本港口区的开发与发展还要对环境负责，达到经济、环境可持续发展的双赢局面。

三、特色设计

在墨尔本港口区，其中一些具有鲜明特色的设计有：

泰尔斯特拉穹窿(Telstra Dome)体育场

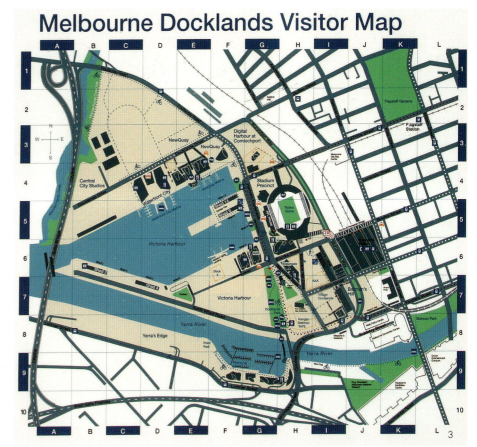

Melbourne Docklands Visitor Map

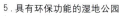

5. 具有环保功能的湿地公园
6. 湿地公园中的雕塑——"管笛浮舟"（弗杰尼亚·金创作）
7. 港口区公园的雕塑——鲸孔（邓肯·斯戴姆勒创作）
8. 福克斯(FOX)古董汽车收藏馆，由建于1890年的女王仓库改造而成

这座建筑原来是港口体育场,现在是英联邦大型露天体育场。2000年3月开放,自此以后,就成为了公众多功能娱乐的场所。很好的观景点、可开合的顶棚、宜人的环境及公共设施,使得这个25000座的体育场在举行澳大利亚足球联赛以及其他赛事和演唱会等活动时爆满。

数字化港口

是现代企业云集的中心。整个滨水地区目前已经拥有44000m²,最终将容纳近22万m²的商业、住宅、办公、SOHO单元和零售空间。这个创新的建筑是为了适应一些公司和教育团体对科研和发展的需求而设计的。其中,2006年竣工的高科技塔楼建筑成为了澳大利亚以蓝色芯片技术为主的公司和相关服务技术为主的公司的所在地。

维多利亚港

墨尔本港区的中心,它由水面环绕,恰巧地处城市CBD门户。连接城市南北地区的考林斯(Collins)和伯克(Bourke)大街的延伸强化了维多利亚港的地标作用。其亲水性与城市的迷人景观相得益彰,是墨尔本城市最具价值的财产之一(图3~4)。

维多利亚港区公园

公园保留了三块湿地从而形成了自己的特色,人们在此可以观赏到鸟类栖息生活,同时提供了雨水收集再利用的功能,经过处理的雨水可以为公园提供80%的灌溉用水,每年为城市提供1000万升的生活饮用水(图5)。

这一绿色空间的另一亮点是一些专门为湿地公园设计创作的城市艺术品和可供户外活动和欢庆节事的场所:一个大型游乐场和野餐场地。场地中的雕塑艺术品(图4)反映了码头区特定的发展历史和主题,如由新西兰雕塑家弗杰尼亚·金(Virginia King)创作、2004年落成的"管笛浮舟"(Reed Vessel)不锈钢雕塑,整个作品安置在水中的船支架上,高4.5m,象征航海、旅行、生活和海洋,是港区复兴的见证(图6)。在毗邻的绿地上则布置了一座高15m的风力动雕——鲸孔(图7),由于四时风向、风力不同,雕塑风标会随之缓缓转动而改变方向,是一个完全互动于环境的作品。

在场地上还保留、修复和利用了一些历史建筑,如福克斯(FOX)古董汽车收藏馆就利用了一座建于1890年的女王仓库建筑(图8),这里收藏有宾利、法拉利、捷豹、保时捷、罗伊·罗伊斯等世界名车。其空间可以同时展出100辆车,汽车爱好者在此可以欣赏这些名车的设计、产品细节、引擎特点以及展品背后蕴含的有趣历史。此外,滨水原先的两幢仓库建筑目前正在修理招租,部分已经用于游船码头管理用房(图9)。

伯克大街步行桥

2000年3月6号开放,直通道克兰(Docklands)、斯宾舍(Spencer)街火车站和泰尔斯特拉穹窿体育场。这座桥的一个标志性特征就是它侧面的肋骨一样的大型红色骨架。

查尔斯·格林姆斯(Charles Grimes)大桥

9. 曾经的港口仓库现已改造为游船码头
10. 港口区保留了曾经的有轨电车作为交通工具
11. 穿越车行道和人行道的蓝色铺装，成为货物港口的一种标记
12. 绿地，树，人——一个舒适的自然空间
13. 澳大利亚国家银行总部，可容纳大约3600名职员。此建筑以其大而开敞的可变动的金属遮阳板，阳光充足的中庭，校园风格的工作场所，四星级服务而著名

2000年9月16号开放，它联系福林德斯（Flinders）大街和通向亚拉（Yarra）河沿岸的Wurundjeri路，还可以通往高速公路和墨尔本南部郊区。这个7车道的桥进一步将交通从码头滨水地区向城市郊区转移，使滨水地带形成了一个步行区域和休闲散步区。

维布大桥

造型独特、直径不同的圈套叠成桥体的主体架构。自由的曲线伸缩自如，很好地适应了周边的环境。

港口游憩场

曾经以它的油渣路被人们所知。现在的改造工程中用公共道路将码头区的北部至南部联系起来并贯穿了整个区域。这个游憩场是码头区的中心活动区，并且以城市最早的有轨电车而引以为豪（图10）。穿过车行道和人行道的几条蓝色地面铺装线条成为它的特色。这些线条作为原始滨水区域的一部分是对这些货物港口的一种标记（图11）。

乌鲁杰里（Wurundjeri）路

是从福林德斯大街通往都德里（Dudley）大街的一条旁道。这条路已经发展为港口的一条步行道，成为穿越码头区的主要的南北向线路。通过建设乌鲁杰里路，繁重的交通立刻从邻近铁路线的滨水地区疏解出来。同时，这里将成为一处墨尔本新的滨水步行区。它在2000年3月正式启用。

四、结语

目前墨尔本港区的改造还没有完成，就完成的部分项目来说，开发者是希望塑造一个丰富活泼的城市形象。老的港口码头作了严格的保护整修，成为码头区的核心，围绕其新建的建筑形式和色彩鲜明而有个性。除了保存的旧建筑外，港区更多地是以崭新的面貌出现在世人面前，穿行其中，又会时时体会到城市往昔的岁月（图12）。

墨尔本港区拟定了一个长达10～15年的开发计划，其中包括：2100套居住公寓、25万m²的商业办公空间、2万m²的商业零售、15000m²的社区服务设施。公共空间的开发则包括了戈兰德（Grand）广场、港区滨水散步游廊、港区公园和中央码头。

在2003年底，一座名为花园露台（Park Tarraces）的住宅开发被推向了市场。这次的项目具有多样性的特点，它包括了花园式住宅、阁楼居住等。

在2004年，澳大利亚国家银行（图13）第一批3700位工作人员进驻港区校园式的写字楼空间，这一革新的大楼包括两幢总面积达59000m²的高科技建筑，其商业租赁达到了A等。提供了一流的舒适性。

琼·瓦德尔（Jone Wardle），一位来自墨尔本本市的获奖建筑师在此区域（5号码头），设计了第一幢29层高的住宅塔楼，这幢面北的建筑可以尽览伯特勒（Botle）大桥、墨尔本、亚拉河及菲利浦港湾的优美景观。

目前，这一地区的改造和建设仍然在进行过程中。到2015年，墨尔本港区将成为一个以泰尔斯特拉穹窿体育场、铁路南站和大量新建的现代建筑以及一些新奇怪异的公众艺术品而著名的世界性区域。根据规划，这里将容纳20000人居住，并为25000人提供工作就业机会，同时游客的数量预计将达到每天55000人次。这一地点现已成为墨尔本一个主要的旅游观光目的地。

参考文献

[1]Heather Chapman and Judith Stillman. Melbourne: Then and Now. London: Thunder Bay Press, 2005
[2]国际互联网相关网页
[3]维多利亚港区公园简介

注释
1.国家自然科学资助项目，50578040

作者单位：东南大学建筑学院

历史的激发与磨灭
——一个记忆场而非一个旧厂房
Inspiration and Obliteration of History
An Old Factory, yet a Place of Memory

高 莹 Gao Ying

[摘要]近一个时期以来,北京、上海、广州等城市陆续出现了一系列产业建筑保护与再利用的设计实践活动,其发展势头和呈现出的活力令人始料不及。对这类建筑进行改造与再利用的设计实践有着深刻的历史意义和无限的发展空间。本文以一个厂房改建而成的售楼中心为例进行分析解读,期望对该课题能够"管中窥豹、可见一斑"。

[关键词]保留、改造、新与旧、历史

Abstract: Recently, in the cities of Peking, Shanghai, Guangzhou and so on, occurred a great many of design practice which aim to protect and reuse industrial architectures. The development trend and vitality is unexpected. Transformation and re-use of such architectures is full of historical significance and infinite development space. In this paper, analysis a sales-center which transformed by a old plant, hope to look at a leopard through a tube may be conjectured up.

Key Words: retain, transform, new & old, history

"保护文物建筑的一个好办法就是给它找一个合适的用途,好好地去满足这个用途的各种需要。条件是不改动它。"
——维奥勒·杜克(Viollet le Duc)[1]

引言

当知识经济与新媒体艺术相互碰撞的产物——创意产业与旧工业厂房的"邂逅"被贴上流行的标签时;当"798"已经不再是一个旧厂房的编号,而成为时下流行文化的代码时;当许多废弃的旧建筑正悄然转变身份,堂而皇之地成为各种艺术展示中心、公众的视觉焦点时;当锈蚀的钢铁、斑驳的红砖、风化的水泥不再是碍眼的"城市灰斑",而成为满足人们"怀旧"情结的新文化景观时,"产业建筑的保护与再利用"这一课题距离我们"渐行渐近"的感觉就越强烈。如果以前听到诸如平遥国际摄影大展利用废弃的棉织厂、柴油机厂和土产仓库作展区之类的报道,我们会觉得似乎有赚取国内外媒体眼球的猎奇之嫌,而现在则不得不承认诸如此类的创意利用方式正在逐渐兴起。关于产业建筑的基本概念、国内外的相关研究及其发展,以及成功的典型范例等诸多方面都已有较详尽而成熟的观点和理论,此处不再过多叙述。以下仅仅是通过解析一个旧厂房改建而成的售楼中心来以小见大,也算为探讨城市化浪潮中,产业建筑历史文脉如何不被割断抛砖引玉。

大连的产业建筑,其规模与影响也许不及北京的798、上海的田子坊、杭州的loft49等,但一幢建筑的变迁反映的是一个时代的变迁;一幢建筑的历史折射的是一座城市的历史。作为城市历史发展轨迹的见证,那些旧的工业厂

1. 售楼中心沿路立面
2. 售楼中心模型照片

房，其规模和保存完好的格局，以及一些旧的机械设备，其本身就是不可复制的文物。随着社会体制的变更、经济结构的调整与城市功能的转变，这些在城市中具有特殊地位与鲜明空间结构体系的产业建筑有了巨大的"改造"需求，如何将其合理地保护性"改造"便有了重要的意义。笔者走访了大连各处的产业建筑遗迹，发现大连本地对这些"旧厂房"的态度有以下几种：

a、景观公园型（旅顺白玉山公园）；

b、旅游开发型（俄罗斯风情一条街）；

c、历史展示型（旅顺监狱）；

d、荒凉凋敝型（大连自然博物馆）；

e、推倒重来型（大多数厂房都变成孵化开发商掘金的温床）；

f、功能改造型（为数不多的单体厂房改造为售楼处、酒吧等）。

大多数"过气"的产业建筑都在飞速发展的城市化进程中灰飞烟灭，消失殆尽。真正能将历史文脉延续到新环境中的案例鲜有所见，往往是用推土机推平了事。事实上大部分市民对于本街区内的产业建筑遗存有着强烈而特殊的情感，这既是因产业建筑遗存能勾起他们作为建设者对于时代发展的感怀，又因产业建筑作为他们生活环境的有机组成部分，给他们带来了深远的影响。工业的细节、生产的恢弘，不仅是一个被看的客体，更应兼具一种传达其场所感和记忆的"场"。

第一次见到林语家话的售楼中心是在调研归来的公交车上，不经意间向车窗外一瞥，一个貌似"破旧"的老厂房（图1）淹没在周围新崛起的住宅楼群中，使得这个楼盘有了与众不同的特质，也仿佛告诉人们这里曾经经历的"故事"。林语家话所处的原有地块是大连第二轧钢厂，它曾经为大连市的发展建设作出了相当大的贡献。为了保留原有地块的历史文脉，开发商利用原有的一栋工业厂房改造成了现在的售楼中心。这个外表看上去毫不起眼，甚至有些破旧的厂房里，重新演绎着新与旧、去与存的交织碰撞。

一、空间的重组

整个售楼中心由一个大厂房和一个附属小厂房以及将二者相连的透光走廊组成（图2）。大厂房内部改造为典型的loft空间。loft原意指建筑中的阁楼空间，现在借指把工厂厂房或仓库改造成艺术家工作室，但保留原来厂房的结构和外观。售楼中心利用原厂房的高空间优势，进行了空间重组，沿主体空间三边划分二层跑马廊作为办公会议空间（图3）。巧妙地保留了原有的通高空间，有利于售楼中心营造展示沙盘的大气势。中心沙盘上方是从数十米高的顶棚一直垂到眼前的钢框架巨型吊灯（图4）。

因为厂房空间的特殊性，楼梯便成为这种loft空间不可或缺的活跃要素（图5）。此处二层的楼梯隐藏在通往连廊入

3. 中央大堂两侧的空间划分
4. 中心展示沙盘上方的框架巨型吊灯
5. 楼梯
6. 连接两侧二层办公区的"桥"
7. 二层空间
8. 站在庭院望向天空
9. 经过处理的保留构件
10. 屋顶桁架结构

口的角部，两侧回廊由一个横跨中央大堂的桥连接（图6）。灵活分隔的二层内部工作空间有开敞的会议区也有封闭的工作区，既可与大堂互动，也不影响对外营业（图7）。

中央连廊一侧是主要办公区，另一侧是附属用房以及样板间。透过连廊的玻璃顶可以透视阳光下映衬的旧厂房遗留下的构件（图8）。走在连廊中，脚边的鹅卵石搭配绿色植被，从室内延伸到室外，浑然一个放松心情的室内小庭院。

二、构件的去与留

在厂房内，我们的视线无论停留在哪个角落总会感到熟悉而又陌生。改造后的室内随处可见一些在旧厂房中司空见惯的老物件。将它们留下略做装饰，便成了有着"后现代"意味的重要装饰构件。锡箔纸包裹的管道、铝皮包裹的排气口在留住旧厂房韵味的同时更兼具现代艺术情趣（图9）。有着高技美的屋顶桁架结构构件同样予以保留（图10）。具有沧桑感的红砖与清水混凝土混搭，顺应潮流地还原了那种有点旧、有点颓的感觉。立面的开窗方式也一如既往，只是精致地用锈板、百叶把窗户重新装饰了一下（图11）。新建筑去掉的是旧厂房的荒凉与没落，留下的是新空间的个性设计，虽然原本并非为此而建，效果却出乎意料地好。

三、材料的新与旧

剥落的清水混凝土、坑坑洼洼的红砖、锈蚀的钢铁似乎已经成为旧厂房的代名词。重新改造时，设计者通常会将有着技术美的现代材料与它们结合为一体。例如柱子下端的外立面包裹着原木，而上端依然是钢铁与屋顶相接，柱上有铁条缠绕，与整体呼应（图12）。大门虽然是后来增加的，却仍然用锈铁做框架镶嵌在通透的玻璃四周。透过正立面上的细长条窗，有漫射光将室内的色调变得更加沉

12a

12b

稳,甚至有些生锈的感觉,砖则是有点烧糊的感觉。从顶棚垂下来的一盏盏铝质的筒灯,有机器美学的味道,和整个空间很搭调。整体建筑将选用的新材料与保留的旧材料相互穿插在一起,自然而又协调。

四、景观的新疏理

与外立面"简洁苍凉"的映像形成鲜明对比的室内环境则是温暖柔美,红砖上悬挂着抽象而又有感染力的油画,硕大的陶瓦罐一次排列,木箱花钵上的绿色植物显得春意盎然(图13)。中间的室内庭院又别具一番清新自然的味道,地面是毫无任何粉饰的混凝土,玻璃和锈铁组合在一起,白色的鹅卵石点缀其中,所有的陈设都散发着原始纯朴的气息。对旧厂房的改造不应仅仅停留在建筑本身,而应将其置于周围环境、甚至整个城市这个大环境背景下。售楼中心附近的马路上、草丛里、外墙上,一只只活灵活现的人造蝈蝈像是设计好的路标,牵引着我们脚步的同时,也牵动着好奇的神经。室外几根遗留下的清水混凝土则与锈铁搭接在一起成为建筑景观的延伸(图14)。

结语

小小的售楼中心创意地体现出楼盘对原址自然、历史、文脉的尊重。巧妙的保留与利用使其融入到新的环境中成为标志性要素。通过对比、分隔、叠加等手法,历史以建筑为载体穿越时空重现在现代人的面前,建筑从此成为了一个充满记忆的场所,而不仅仅是一个"没落的旧厂房"。

如今众多城市都在默默地挽留着这些被称为"工业遗产"的产业建筑,小心地保存关于那个逝去年代的城市记忆。没有人知道它们究竟会何去何从,是与其他大多数废旧厂房一样变成一栋栋漂亮的居民楼?还是变成一块块美丽的花园?在城市建设的浪潮中,这些占据中心位置的产业建筑往往是开发商最容易拆毁的对象。失去记忆的城市无论如何不是我们理想中的城市,历史应该是被激发的而不是被磨灭的。产业建筑作为城市近现代化进程中的特殊遗存,是阅读城市的重要物质依托。希望文中介绍的这个历久弥"新"的,能引发众人驻足的"小"售楼中心不是整个城市产业建筑保护与再利用进程中的一座"孤岛",希望产业建筑中这些有历史价值的构建、片区能成为人才的聚集地与创意产业的"孵化器",成为艺术的摇篮及市场的风向标。

注释
1.法国文物建筑保护理论的奠基人

作者单位:大连理工大学建筑与艺术学院

11.立面开窗与玻璃细部
12a.12b.柱子外观与细部
13a.13b.室内装饰物
14.室外构件与景观

瑞典健康住宅的社会决策
Social Decision-Making on Healthy Housing in Sweden

早川润一 Junichi Hayakawa

[摘要]瑞典自20世纪40年代就开始以社会福利作为国家建设的重要基础，开发改造城镇，为国民提供优质、安全的居住环境。因此，瑞典是世界上居住福利条件水平最高的国家之一。然而，进入20世纪80年代，包括居住在内的建筑室内的健康问题，即所谓的"非环保住宅"（世界卫生组织定义为"非环保建筑"）开始受到瑞典社会的重视和关注。

[关键词]非环保住宅、健康住宅、室内环境状况把握调查、国立公众卫生院、租房者协会、住宅出租公司、工会

Abstract: Since the 1940's, in Sweden, which is world famous for its social welfare system, high standard housing has been for its people's well-being. In the early 1980s, however, so called "sick building syndrome" began to be recognized there as a social problem. In addition to house-related environmental factors such as mold, ticks and humidity, the obstacles to health caused by air pollutants inside newly built or remodeled housing, became an important new problem. This problem causes residents to stay home with pain, allergies, headaches, sore throats, nervous and so on. The same problem has been occurring not only in dwellings but also in schools, offices, and hospitals in that country.

This paper reports on how Swedish society has been coping with "sick building" problems.

Keyword: sick housing syndrome, healthy housing, indoor climate investigation, National Institute of Public Health, tenant association, housing company, labor union.

一、瑞典的住宅建筑与污染问题的产生

瑞典作为高福利国、最适宜居住国而名扬世界。然而，100年前瑞典的住宅状况也是很差的，并没有现在这样的高水准。狭小、寒冷、透风、上下水不完备等，这样的室内条件只能成为生病、不利身体健康的间接原因。在20世纪初，瑞典就曾对现在已普遍禁止使用的CCA（镉、铬、砷）等材料表面涂抹一层浸透剂以起保护作用。1930年以后，开发宽敞、舒适的住宅成为了重点，并作为一项国策，投入了大量资金。

瑞典冬季长，气候寒冷，住宅多为封闭型。因此，除了少量的仅在夏季使用的建筑以及特殊用途的建筑物外，几乎所有建筑都是高密闭、高保温设计，外墙的墙体与保温层加起来有30cm厚。另外，整个城镇街区都设有全天候供暖系统，尽管室外已是零下20°的严冬，包括住宅在内的所有建筑物的室内却总保持在20°上下。进入20世纪60年代，类似这种高密闭、高保温住宅的开发又引出了新的课题，那就是除了霉菌之类室内所固有的卫生问题之外，

1. 瑞典的非环保住宅的状况
2. 问题建筑给人带来的症状
3. 建筑室内的挥发物质

问题的普遍性

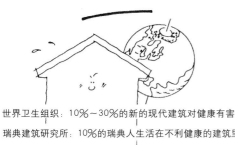

世界卫生组织：10%~30%的新的现代建筑对健康有害

瑞典建筑研究所：10%的瑞典人生活在不利健康的建筑里

斯德哥尔摩市精神康复中心：25%有问题

马尔默市精神康复中心：10%有健康问题

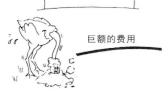

巨额的费用

1

症状

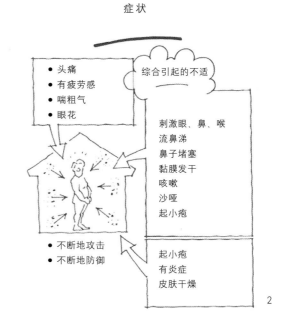

- 头痛
- 有疲劳感
- 喘粗气
- 眼花

综合引起的不适

刺激眼、鼻、喉
流鼻涕
鼻子堵塞
黏膜发干
咳嗽
沙哑
起小疱

- 不断地攻击
- 不断地防御

起小疱
有炎症
皮肤干燥

2

注：图例全部引自"HUS & HALSA UTBUILDNINGSKAMPANJ FOR SUNDAHUS"
（"住宅与健康—建造健康、舒适建筑物的基础知识"，1998，笔者译）

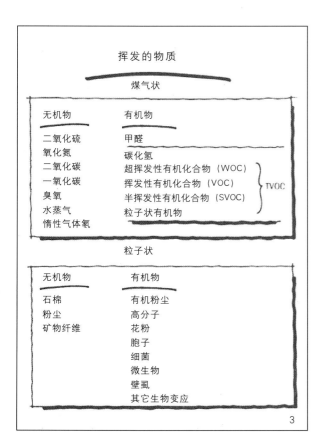

挥发的物质

煤气状

无机物	有机物
二氧化硫	甲醛
氧化氮	碳化氢
二氧化碳	超挥发性有机化合物（WOC）
一氧化碳	挥发性有机化合物（VOC）
臭氧	半挥发性有机化合物（SVOC）
水蒸气	粒子状有机物
惰性气体氡	

TVOC

粒子状

无机物	有机物
石棉	有机粉尘
粉尘	高分子
矿物纤维	花粉
	胞子
	细菌
	微生物
	壁虱
	其它生物变应

3

居室的空气环境还应该如何改善。于是，1986年，世界卫生组织（WHO）提出了"非环保建筑问题"的报告（在日本，一般使用非环保住宅的说法）（图1~3）。

瑞典的住宅污染问题是因为潮湿、温度、室内空气中的有害物质、通风不良等造成的。室内空气中的有害物质包括粉尘、微生物、霉菌等，还有建筑材料中的化学物质。尤其是20世纪60年代，随着住宅开发的大量化、多样化和新潮流，健康问题日益显现，特别是新建的居室，因为污染而引发的病症越来越多。进入20世纪70年代，对甲醛危害的警告出台，明确指出建筑材料所散发出来的化学成分大量漂浮在室内空气中，会对人身健康直接造成伤害。1982年，世界卫生组织对建筑与健康问题开始了认真的调查。

到了1995年之后，人们都能认识到，挥发性有机物（VOC）是室内的污染源，是人们产生不良反应如过敏、气短、鼻炎等的主要诱因。但由于量的多少不同，人的抵抗力有差别，尤其在微量情况下不良症状不会很明显，因此，短期内很难确定其因果关系。健康受危害是因人而异的，因此有的人往往会漠然置之。所以说，居室内的空气污染与人的健康的关系问题是需要长期探讨的课题。如果建筑或住宅公司不提供建筑材料的确切信息资料和明确的规则规定，所有的住宅对人的健康就全然不会有保障。

而且，对一次性完全竣工的建筑物采取相应的对策也非易事。瑞典政府针对该问题的调研达10年之久，并对现

4. 质量与成本
5. 室内空气中的甲醛浓度与健康问题

状进行了综合的分析。对于问题比较明显的住宅，政府或自治体出资进行改造或改建，然而，大量必须要改造的住宅需要花费巨额的费用。但如果国民都生活在有污染的居室内，以不健康的身心度日，那国家的损失就更大了。所以，对健康、舒适住宅的认知，是全体国民的一件大事。对污染住宅的预防对策虽然很朴实，但经过数十年之后，就会取得明显的效果（图4）。

优质		
质量保证＝检验与预防		
	（质量成本）无	（质量成本）有
预防成本	0.6	1.2
检验成本	0.9	1.8
缺陷成本	4.1	0.6
全质量成本	5.6	3.6

质量成本（在投标成本中所占的比例（％） Ball，1987） 4

注：在材料质量上如果花费预防与检验费用，缺陷就会少，如果在总体上注意质量，成本就要低。

现在，优质精品住宅几乎遍及瑞典全国各地，然而，最大的课题就是如何卓有成效地对既有建筑物进行改造和改善，对新建住宅或建筑物采取最佳的环保措施。首先要做的，也是最重要的，是搞清楚国民长期赖以生活的住宅到底存在多少问题，造成这些问题的原因是什么，把握现状才能做到有的放矢。

1977年至2000年，笔者每年都到瑞典作短期考察，当笔者还在瑞典留学时（1992～1995年），就深感瑞典在普及健康住宅、预防室内空气污染等知识方面做了大量有成效的工作。瑞典政府首先对有问题的建筑进行全面调查，把握现状，获得有关数据，从中分析、调研各种症状与建筑室内的关联。然后，再把调研的结论进行综合，公布于众，做到及时、广泛地普及知识、信息。

其成效可想而知，与建筑打交道的人们，包括建筑业主、规划设计者、施工人员、建筑管理维护人员等，会从更加专业的视点出发，获得信息，采取有效的对策。一般的使用者，通过学校教育、政府机关和图书馆等公共场所、报纸等宣传媒体获得有关信息和知识，了解现存的问题以及所采取的必要措施。

总之，尽管只是约850万人口的小国，瑞典在解决精品住宅污染问题方面却采取了多方面的措施和方法。从1980年以来，瑞典政府和各种机关团体对非环保住宅产生的原因及应采取的对策，进行了全方位的调查，为确保国民的健康订立了中长期的计划。

本文以下各部分，记述了瑞典对健康住宅的建设方针及为把握现状所进行的调查。

二、瑞典政府和社会致力于健康住宅的概况

瑞典政府一直很明确地将健康住宅作为一项重要课题来对待。

为此，多年来，政府主管部门不仅建造了大量高质量的住宅，在确立无障碍建筑基准法等社会福利方面也起了很大的作用。1985年之后，更加明确了包括住宅在内的建筑的室内小气候是跨越国民健康、环境等多个领域的大问题，并调动环境部、通产部、社会保健部等部门专家，建立协作机制，开始卓有成效地解决有关问题。为了进一步根除因建筑物的污染而对人体造成的伤害，医学、化学、建筑工程学、社会学、行动科学等各领域也开始协同作战，共同研究。

另外，欧盟（EU）的《欧洲环境与健康行动宣言》（1994，赫尔辛基）以及北欧诸国在研究上的大力协作，充分说明了环境与健康问题不是一个国家的问题，只有各国之间建立有效的合作机制，才能卓有成效地解决问题。

根据国民保健部的有关资料，国民中因健康原因造成的气喘、支气管等疾病大量增加的主要原因，是受到来自室内、室外环境的双重影响，是化学物质进入人体及血液后被分解、积蓄，直接影响到人的免疫系统和激素，也影响到人类的发展甚至子孙后代。因此，这是对人生有着重大影响的问题。

目前，因室内环境所造成的健康恶化的比例约占10％，建筑研究评议会的目标是要在此基础上减掉一半。为此，可能造成环境问题的建筑设计、建设工程以及服务过程等，都要做到明确问题所在并全力予以解决。

瑞典也规定了室内空气中漂浮的化学物质的数量指标，除了石棉、聚氯乙烯、碳氯化合物等强毒性物质，对普遍使用的建筑材料、壁纸、粘结剂等在生产、销售方面却没有规定和限制，由建材公司自行决定。究其原因很简单，如果某公司或厂家生产了有问题的建材，那么采用该建材的建筑师或建筑公司就会在激烈的社会竞争中败下阵来。

实际上，在20世纪90年代初的瑞典，住宅室内甲醛的浓度要比当时规定的指标低得多，这是经过各种调查所得出的结论。这是10年前，瑞典高封闭、高保温、几乎不透风的建筑的室内状况（图5）。

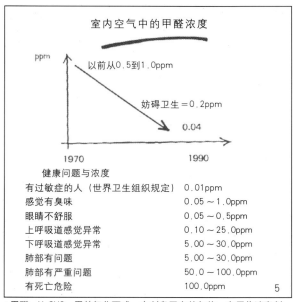

室内空气中的甲醛浓度

以前从0.5到1.0ppm

妨碍卫生＝0.2ppm

0.04

1970　　　　　1990

健康问题与浓度
有过敏症的人（世界卫生组织规定）　0.01ppm
感觉有臭味　　　　　　　　　　　0.05～1.0ppm
眼睛不舒服　　　　　　　　　　　0.05～0.5ppm
上呼吸道感觉异常　　　　　　　　0.10～25.0ppm
下呼吸道感觉异常　　　　　　　　5.00～30.0ppm
肺部有问题　　　　　　　　　　　5.00～30.0ppm
肺部有严重问题　　　　　　　　　50.0～100.0ppm
有死亡危险　　　　　　　　　　　100.0ppm

5

＊甲醛：H.CHO。甲基氧化而成，有刺鼻恶臭的气体，多用作消毒剂。

即便甲醛含量微乎其微也不能掉以轻心，同样，湿度和温度的共同作用也会对其它化学物质产生影响。

三、室内小气候与卫生环境的现状调查

1. 瑞典关于健康与住宅关系的大规模调查

1991年至1992年，瑞典国家建筑研究所与精神病研究所、放射线防治研究所等合作，以住宅为对象，对居民的健康状况进行了调查。通过对居住者自身的问卷调查，进一步对其居所的室内污染状况进行技术性检测。

调查对象为全国的独立式住宅与集合式住宅，调查内容是使用年数、通风情况、供暖设备与方式、建筑材料、建筑结构、地区特点及建筑规模等，分类并随机抽样进行。同时，通过邮寄方式，向独立式住宅和集合式住宅共3300栋的居住者发送了调查问卷，然后对返回的2万个数据进行了统计计算和分析。建筑物的室内气候技术调查，是对11栋建筑进行室内有关指标的测定而进行检测的（图6）。

问卷调查内容　　　表1

环境因素	身体不适	对儿童询问以下9个方面的症状（监护人记录）
空隙透风	有疲劳感	有疲劳感
室内过热	头痛的厉害	头痛
室内过冷	头痛	失眠
室内温度有变化	气喘	眼睛发痒、发热、有刺激感
通风不好	精神不集中	鼻腔受刺激、堵塞、流鼻涕
室内空气干燥	眼睛发痒、发热、有刺激感	眼睛发痒、发热、有刺激感
有异味	鼻腔受刺激、堵塞、流鼻涕	咳嗽
有静电	嗓哑、喉咙发干	脸面和肌肤干燥、带红色
吸烟	咳嗽	头皮和耳朵发痒
有噪声	脸面和肌肤干燥、带红色	手掌干燥、发痒、带红色
有灰土和尘埃	头皮和耳朵发痒	
	手掌干燥、发痒、带红色	

回答问卷的方式有如下统一的格式：

"（对前面各项）……你有不愉快的经历吗？"等等多个提问。"是的，经常（每周）有"、"是的，有时有"、"不是，一次也没有"。回答时，三者选其一。

"是的，经常有"的回答，既包含身体的不适，也包括心理的不满。

"是的，有时有"的回答，是对询问的内容不太肯定，判断有些模糊。

"不是，一次也没有"的回答与"经常有"是两个截然不同的情况。

问卷调查的回答结果：

① 比较明确的症状依次是湿疹、花粉过敏、气喘等。
② 室内生活频繁出现的症状：疲劳、鼻腔堵塞、头痛、剧烈头痛、眼睛睁不开。
③ 室内生活经常感到心烦和不满的问题：

- 空气干燥
- 灰尘、噪声和风扇的声音
- 通风不好，空气憋闷
- 孔隙透风
- 室内温度变化
- 吸烟
- 空气异味
- 室内温度过高或过低

对答卷的分析结果：

① 50％的人对室内的小气候不满意，因为室内环境不好。
② 住集合住宅的有症状的人多，他们的理由较多，主要对粉尘、干燥空气、通风装置噪声等不满意。
③ 总的看来，对空气过于干燥不满意的人较多。
④ 女性诉苦的人尤其多，其中42％的人感到苦恼。
⑤ 有过敏反应的人尤其对室内空气不满意。
⑥ 出现过敏症状多是因为大气污染或交通等噪声的影响，故城市居民患病者居多。

（2）室内小气候的技术测定

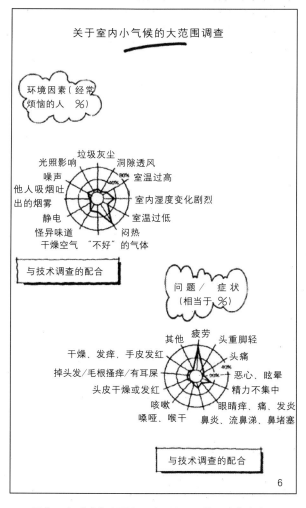

6. 瑞典的建筑室内小气候调查（大范围调查）

另外，当时瑞典全国人口为850万，独立式住宅有170万栋，集合式住宅（一栋楼住3户以上）为12万6千栋（230万户）。

该项调查是有关非环保住宅的最大规模、最为深入的调查。因为是全国性的调查，故其范围广、数量大，为今天的类似调查提供了宝贵的经验和数据。此后政府在对居民进行各种问卷调查时，多采用这种模式。

（1）关于室内健康性的问卷调查

调查内容包括：在瑞典已经建成并使用的住宅或建筑，其基本状况如何，室内环境怎样，居住者有何意见和身体不适反应等。目的是为了把握实际情况。

（i）测定项目

室内空气的温度、湿度、换气量、甲醛浓度、挥发性有机成分浓度（VOC、TVOC）、氡气浓度。

（ii）室内小气候技术测定结果

①换气

- 高封闭高保温的瑞典住宅，换气量大多没有达到规定标准。
- 80％的独立式住宅与近半数的集合住宅，都没有达标。
- 靠自然通风解决换气的住宅，换气量更低。
- 机械换气，空气湿度过低，比对自然换气有意见的人更多。
- 送排风设备中的换气装置，换气率比想象的高。
- 上个世纪70年代的建筑物因为节能，换气率特别低。

②室内温度

瑞典住宅的室内温度，一般保持在20°～23°之间，所有的建筑物都比较稳定（建筑基准法中规定，居室的室内推荐温度为18°，浴室、洗漱间的推荐温度为20°）。

③湿度

当相对湿度低于30％时，因为空气干燥，一般人都会感觉喉咙、皮肤、黏膜等受刺激或发炎。身体虚弱或有过敏症的人尤其敏感。

④甲醛浓度（测定的平均值为14gμ/m³）比所有建筑物的容许标准值低得多。对过敏性病症的人来说，大约半数的住宅甲醛指标高于设定的容许值（7gμ/m³）。

⑤TVOC

测定浓度为310～470gμ/m³，其中14％的住户高于标准值（600gμ/m³），具体相关因素和原因尚不明确。

⑥过敏反应

因过敏反应而感到苦恼的居民大多住在集合住宅，他们对干燥的空气、洞隙透风、有异味的空气、噪声、尘埃等非常反感，对眼、鼻、喉受到的刺激叫苦连天。

（3）考察

①在使用化学物质挥发性小的建筑材料时，最好尽量利用唤起装置，由此可以使湿度不会过高。

②据预测，有10％的居民是以健康为赌注生活在室内环境之中。

③应该考虑到，老人或儿童的居室更应该使室内在温度、湿度、换气等方面达到平衡。

（4）总结

通过这样的调查，我们可以把握住宅的问题所在、室内的污染状况、污染后的症状等，能够进一步明确室内环境可能会成为健康的杀手。

然而，由于类似高浓度污染的测定值不那么容易取得，同时，温度或湿度的高低、换气量的多寡差别又不显著，所以，对有关居民受到污染后的症状与其室内环境之间到底有哪些关系，尚不能一清二楚。

另外，我们还必须考虑到，测定数据是否完全准确和符合实际情况，如问卷调查中所流露出来的居民因为对污染的反感而作否定回答等多种因素。

下面列举在调查中已经明确的几点。

第1，必须从医学上阐明室内环境与因污染而出现的症状之间的因果关系。

第2，必须对建筑材料在室内产生污染的物质的种类和数量进行分析。

第3，必须明确，是湿气、建筑材料等在室内环境中造成身体障碍，是它们所散发出来的化学物质、微生物等形成了复合型污染因子。

第4，使用换气设备是预防室内污染的方式之一，但对其功能、性能、放置地点等要选择适当，换气功能要长久保持。

第5，建筑物的维护很重要，为了建设健康、舒适的建筑物并确保以后的维护管理，施工阶段得到现场管理人员的理解和协助很重要。另外，在建筑物的策划与设计阶段，建筑业主就要认识这项工作的必要性，积极主动地予以关注。

2．对集合住宅地污染问题的把握调查

（1）斯德哥尔摩市的集合住宅调查

①概要

1991年与1993年，斯德哥尔摩市从相当于5％的11805栋集合住宅中，随机选择了609栋中的14235户，对除了未满18周岁及居住不足1年的全部居民，通过邮寄方式进行了问卷调查，寄出12666份问卷，收回9809份，回答率为77％。

问卷内容包括居住者的年龄、性别、吸烟否、有无气喘、花粉过敏等症状，居室的面积尺寸、家庭构成、居住的楼层，一年内有否改建，5年里湿气对室内建筑材料有无损害等。

关于症状，有眼、鼻、喉的发病情况，有无咳嗽、皮肤颜色变化、头痛、疲劳等情况，以迄今为止3个月内的经历为有效。其中最难做的是对头痛和疲劳等方面的数据分析。

回答方式包括，"不是，一次也没有"、"是，偶尔有"、"是的，经常（每周）有"三种，任选其一。对有关数据要进行多次反复分析。

在问卷调查的同时，通过电话对建筑物业主直接进行采访，进一步核实和确认建筑物的使用时间、入住的户数、换气与暖气管道、热的再循环等情况。

②结果
- 64岁以上的居民中，有过敏反应的女性对住宅污染最为恼火。
- 具有住宅产权的居民（分期付款公寓）受污染的症状比较少见。
- 1985年以后竣工的新建筑物，污染症状少。
- 其中14%~15%的居民是在自有的住宅中受污染而出现某些症状。
- 统计分析结果表明，竣工时间短的新建筑物，一周内要出现一次以上的污染症状，比预计的要高得多。所以成为"危险建筑物"的可能性大大提高了。
- 症状受年龄、性别、过敏性反应等个人因素的影响较大。

③1992年，斯德哥尔摩市又对其他的集合住宅进行了同样的调查。

对市区7000户室内环境调查的结果显示，10%的居民有鼻炎、喉渴、眼睛受刺激等症状。在大兴土木开始后建成的建筑物，即1976年后的比较新的建筑物的室内，污染使20%的居民健康受到了损害。

在瑞典展开的室内环境状况调查，不只局限于住宅，也包括学校、办公楼、医院等。

四、有关组织和团体所起的作用

1. 瑞典国立公共卫生院

1992年，瑞典社会保健部开办了国立公共卫生院（National Institute of Public Health），目的是为了提高国民的健康水平，普及防病知识，开展研究及其他活动等。以该研究机构的创立为契机，诸如对过敏症状原因的探究与防治等很快地付诸实践，并制定了长期的实施计划。

1996年，据称瑞典全国有约300万人因患有过敏原症及其它过敏症而感到苦恼。其中40%的儿童不同程度地有气喘、花粉过敏、湿疹等症状。1975年至1994年，是儿童与青壮年的过敏原性症状和其他过敏治病的高发期，人数成倍增长。宣传媒体对此有很多的宣传报道，仅报纸、电视就达100多条。处于成长期和青春期的孩子们所处的生活环境与引发各种过敏症有很大关系。

建筑物室内产生污染的主要原因，一是能源危机之后换气量锐减，二是新建材富含化学物质以及湿气异常等。由此才造成儿童过敏症患者大量增加。

国立公共卫生院将这些信息及时向全国的自治体、教育机构等作了传达和通报，并与全国的市镇村的相关人员共同商讨对策。全国的自治体成立了过敏原症研究会，及时收集当地学校的有关活动与信息，并开展启蒙教育等工作。确定学校建筑的检查项目和内容，以确保建筑的质量和学生的安全；编制施行管理与检查的指导书。比如，从清洁卫生到调查技巧，学校或康复中心等各自有明确的检查目标和方向，对孩子们过敏性症状的调查与现状把握调查之间的相互关系，也尽可能地予以解释和评价。各自治体或委员会也会将这些情况和信息通报给一般的民众，还要向地方自治体的医生、护士及其他相关人员宣传学校中发生的过敏性病症的情况与有关知识。

进一步改造和完善学校、保育院、托儿所及康复中心等建筑物的室内环境，是避免发生儿童感染过敏性疾患的第一步。为此，有必要召集各方面的专家（建筑师、结构师、电气工程师、建筑维护人员、校长、管理人、使用者、校医、室内环境专家、建筑负责人）进行商讨，并提出办法。明确改造的技术要求，编制实施改造的检查程序，确立质量保证系统，并对竣工后的室内环境进行监理和检查。即便在建筑物交付使用之后，为永远保持良好的状态，还要对建筑物实施长期的维护与管理。

这样的一整套做法，需要大规模的组织系统和广泛的联系机制。为此，国立建筑研究评议会、职业安全健康研究所、产业技术评议会、建筑研究会、国立化学检验所、消费局、地方自治体、工人生活研究会、教育厅等之间通力协作，开展了这项工作。

为建造有益于健康的优良教室而制定的检验条目如下。

(1) 室外环境
- 煤气排管是否靠近运动场地或休息场所。
- 学生是否因为堆放垃圾而无法进教室。
- 是否创造了优良的地段和景观。
- 教室近旁是否因为铺地而使尘土或植物远离。

(2) 温热环境
- 选择适宜材料和良好设计，使室内温度不能过高。
- 选用新型的换气装置。
- 供暖设备要便于使用和维护。

(3) 空气环境
- 换气装置应具排、吸气功能，能输送新鲜空气。
- 房间大小适宜，空气流通良好。
- 房间内桌椅类家具设计应以方便清扫为准。
- 衣橱置于入门处。
- 地板下的混凝土不应有湿气或凝结水。
- 墙体和屋顶不要有结露。
- 使用异味与化学物质发散少、便于清洁的材料。
- 建筑材料在覆盖装修材料前应保持干燥。
- 印刷机应放置在有换气装置的房间里。
- 给水设备附近要注意清扫。
- 换气率要达到标准值。
- 管道要易清扫。
- 要有建筑物管理简易手册。

(4) 声环境
- 有噪声的房间应远离安静的空间。
- 设置阻隔外来噪声的墙或窗等，但注意不能选用含有化学物质的材料。
- 要注意管道、厕所的声音。
- 管道井的噪声不能疏忽。

(5) 光环境
- 采光充足。
- 使用色彩明快的材料。

2．住宅公司对室内环境现状的把握

瑞典的两个全国性组织"全国自治体集体住宅公司"（SABO）、"租赁住宅居住者储蓄建设慧珠会"（HSB），再加上租赁住宅私人业主的全国性组织"全国租赁建筑业主会"（Sveriges Fastighetsagareforbund）的协助，开始就住宅的健康性问题展开调查。

斯德哥尔摩设有国际租房人联合会的总部（International Union of Tenant）。1996年以后，瑞典要求向各地的住宅公司公开国内租赁住宅的室内环境调查情况（Miljodesklaration av Bostadsfatigetgheter—MIBB），让租房人及房主了解室内良好的环境，树立信赖感与安全感。

其调查方式是在某地区的全部住宅中选择可能有室内环境问题的住宅作为重点调查对象，并把结果向租房人公开。该调查得到了瑞典国立实验研究所、建筑咨询顾问公司等大力协助，另外，也得到了瑞典政府的帮助，并提供了政府所收集的大量信息资料。而其向政府或瑞典国立住宅建筑规划厅报告的有关环境的内容却没有明确的要求。

具体调查是在整个建筑物的内部进行的，甚至连屋顶内侧、地下室等也在其内。调查要素包括温度、湿度、空气质量、换气、噪声、采光、虫害、湿气与水分等，设定技术性的目标值。同时，对居住者进行面对面的调查询问。这一切，都是由国立实验研究所设定测定方法和目标值，各方面的专家据此展开调查。

调查结果如果显示住房有缺陷的话，租房人就会要求把租金降下来。

而后根据国际租房人联合会的要求，调查增加了进行现场检测的内容。保险公司、建筑住宅公司、银行等也开始考虑建立适应住宅室内环境调查的程序和系统。特别是银行和保险公司，开始从住宅室内环境的成本重新考虑建筑的经济成本。

明确了住宅室内的环境状况，保险公司或银行就可以对建筑物的安全性与价值作出评价，进而加剧了住宅公司、保险公司、银行之间的竞争。

而有了这样的评价，建筑业主就能够向租房人介绍实际情况，说明是否适合等。定期的调查和建筑物的有效管理，有助于在需要重建、改建、更换材料或拆换换气系统时作出明确的判断。

通过这样的调查体系，租房人对所租房屋有了安全感和信赖度，而对建筑业主来说，可以学到很多关于如何创造良好的室内环境和加强维护管理的知识。同时，通过对建筑物缺陷的调查与分析，能够提高建筑物或建筑材料的质量，延长建筑物的使用年限。由此，可以缩减建筑物长时间的维护管理费用。有了创造和维持良好的室内环境的意识，就能够保持建筑本身的高价值、高品味。

五、结论

从多方调查、了解可知，瑞典在实际运作中所要求的室内甲醛浓度，要比瑞典政府及世界卫生组织的推荐值低得多。问题是即便浓度不高，人体长时间暴露在污染空气中，也同样会受到污染和伤害。除了甲醛之外的化学物质VOC的种类很多，搞清楚它们的影响和危害，需要长期的调查研究，而有关的机构、团体则应首当其冲。

瑞典由于所处的地理位置不同，同日本的建筑相比，更是高保温、高密闭，所以对换气的要求更高。如果因为某些原因换气不充分的话，湿气、二氧化碳、二氧化氮等即便浓度不高，居住者长时间被甲醛或VOC等围的可能性也会增加，并受到污染的影响。在瑞典，有一种说法就是不正常的湿气、高温、空气异味等室内气候因素与化学物质之间有相辅相成的关系,从而加大了对身体的危害。因此,包括住宅、学校等所有建筑物,都把换气方式、换气性能及其管理维护等放在重要地位。对换气设备的作用的认识还要有一个过程,如何清除进入室内的浮游在空气中的灰尘、微生物等过敏源,还有建筑材料的选择、使用以及清洁方式方法的设计等,都应该在研究探讨之列(图7~8)。

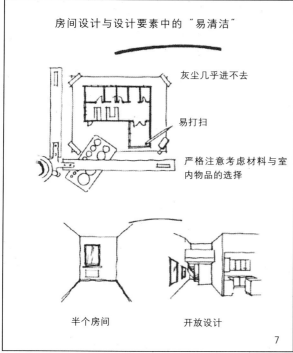

7

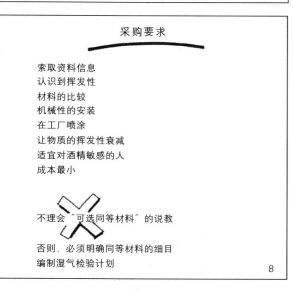

8

在瑞典,全社会对健康住宅的关注和重视最初是以政府的有关方针政策为基础来了解把握室内环境现状的。然而,非环保住宅的最大课题是首先要搞清楚受污染症状与建筑室内环境之间的因果关系,通过反复地技术性调查和分析,发现其中的联系和规律。

住宅各有特色,居住者在各个方面的差异也很大,所以,发展、落实健康住宅或健康建筑,需要所有的建筑物及其使用者共同努力与密切配合。规划、设计一栋新的建筑的最主要目的,是创造健康的室内环境,提供宽敞、舒适的学习、工作和实践活动的场所。租房者协会、合作住宅的居住者、自治体住宅公司、工会、国立大众卫生院、自治体、民间公司、研究所、政府等都在把健康住宅作为一项重要课题而不断深入。

在瑞典,"防重于治"的观点已经深入人心,改善和解决室内环境问题的态度日趋明朗。事先分析哪些因素可能会出现问题,当事态还不严重的时候,能科学性地把握情况、普及宣传有关知识等都是很重要的。

注:原文载于日本《人间福祉学志》第二卷、第一号,由于篇幅较长,本文为节译。

*本文由天津城市建设学院教授慕春暖译,由天津大学教授聂兰生校。

作者单位:日本中部学院大学人间福祉学部

"历史地段"
——美国城市建筑遗产保护的一种整体性方法
"Historical District"
A General Method of Urban Architectural Heritage Protection in U.S.A

王红军 Wang Hongjun

上篇　美国地方历史地段的建立与发展
The founding and development of Local Historic District in America

[摘要]"历史地段"是当代美国进行城市历史遗产保护的重要方式。文章以查尔斯顿为例，介绍了美国"历史地段"的发展，并对其法律基础、范围确定、规划控制以及市民参与进行了论述。

[关键词] 历史地段、查尔斯顿、区划条例

Abstract: "Historic District" is an important method of Historic Preservation in America. Beginning with the introduction of Charleston Historic District, this article discussed the development of this kind of preservation system, include its Ordinance, its range and the civil Participation etc.

Keywords: Historic District, Charleston Historic District, Zoning Ordinance

虽然缺乏悠久的文明史，但今日美国的城市遗产保护可以说相当成功。这种局面的出现固然得益于二战后美国《国家历史保护法》的实施和联邦对于历史场所的登录，但更为重要的原因是地方的历史保护，即以各州为主体，以各城市为延伸的地方保护体系。除了对地方历史建筑进行指定保护外，"历史地段"保护是地方历史保护最为重要的形式，也是形成今日美国城市历史环境的主要因素。

20世纪初的美国，对于建筑遗产的保护还停留在单体建筑或小型室外建筑博物馆(Outdoor Museum)[1]的范围。而随着建筑遗产保护的空间外延不断扩大，市民社区内的建筑遗产保护开始受到更多的关注。历史地段的建立不仅是空间上的又一次扩展，更重要的是建筑遗产保护第一次和规划相结合，通过美国最基本的规划管理方法——区域规划（Zoning）来维护社区的历史特色，这为美国地方建筑遗产保护建立了一种新模式。美国现代保护体系初露端倪。

1966年的《国家历史保护法》中正式提出了"历史地段"一词，使历史保护区的概念得到了强化。美国国家历史场所登录制度中将历史地段定义为："一个可以用地理区域——包括城市或乡村，面积大小不定——来定义的一系列场所、建筑或构筑物组成的具有一定意义的集合。这些场所、建筑或构筑物在美学上代表了历史空间和物质的演变，或者与特定历史事件相关联"[2]。威廉·穆塔夫将历史地段定义为"一种可以利用时间和场所来影响人们知觉的区域"[3]。在大多数情况下，历史地段往往是一个社区。

一、地方历史地段的建立

美国第一个历史地段建立于1931年，位于南卡罗来纳的查尔斯顿（Charleston）。查尔斯顿老城建立于1670年，坐

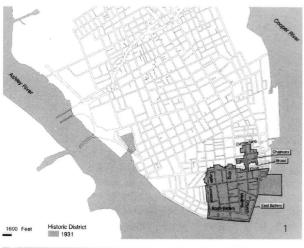

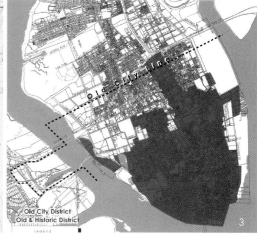

1. 1931年的查尔斯顿历史地段范围
2. 1976年之前的查尔斯顿历史地段范围（图中颜色较深部分）
3. 今天的查尔斯顿历史地段范围
4. 查尔斯顿历史地段核心区鸟瞰
5. 查尔斯顿18世纪的建筑，外廊有丰富的铸铁装饰

落在库柏河和亚士利河之间的地区，18世纪起，当地商人从事大米和棉花的海运贸易，积累了大量财富。如同很多南方城市一样，查尔斯顿在内战后发展缓慢，甚至出现了衰落，这也促成了城区内大量历史建筑的存留。著名景观设计师奥姆斯泰德(Frederick Law Olmsted)在20世纪初就曾提议建立查尔斯顿保护区。一战结束后，查尔斯顿的建筑遗产保护依然仅限于为数不多的住宅博物馆。当地的历史保护者苏珊·弗罗斯特(Susan Pringle Frost)计划保护当地的一批历史地标建筑，并试图带动社区的建筑遗产保护意识。弗罗斯特为此成立了一个保护协会，向当地政府呼吁尽快立法保护查尔斯顿的一些年代久远的木结构房屋和铸铁建筑，适逢美国标准石油公司打算在此建一座大型油站。这些压力促使政府在1929年颁布一道法令，禁止在此区域建设工业和商业设施。1931年，查尔斯顿历史地段区划条例[4]正式出台，成为美国历史上第一个历史保护区。由区划条例划定的"查尔斯顿历史地段(Charleston Historic District)"包括半岛前端22个街块的范围。当地还建立了一个建筑审议委员会(Board of Architectural Review)，对任何在查尔斯顿历史区中的建设项目的外观进行审查。1967年和1975年，该区划条例两次修订，历史地段范围扩大到联邦17号高速公路以南的大部分地区(图1～4)。委员会加强了限制老建筑拆除的权限，审查范围扩大到历史地段范围以外任何一座100年以上的建筑(图5)。查尔斯顿的实践事实上将保护带入了用地控制(Land-use Control)的领域。建筑遗产保护开始与住区和城市产生密切的关系。

查尔斯顿建立了一种历史社区的范例，这很大程度上影响了一些重要城市，例如新奥尔良、路易斯安那、安纳波利斯、马里兰等。在这些城市里也建立了受法令保护的历史保护区，并建立了类似建筑审议委员会的审查机构。今日，美国几乎所有的州都授权地方可以自行建立历史保护区域。1983年成立的国家保护组织联盟(National Alliance of Preservation Commissions)作为一个全国性的组织，负责各地方保护组织的协调与沟通。

二、地方历史地段建立的法律基础

州是美国政府体系的主体，地方政府可以看作是州政府的延伸，很多职能都要经过州政府授权后方可行使。同样，必须经过本州的授权后，有关历史保护的区划条例才能得以实施，历史地段才可建立。密歇根州的授权较为典型，其对于地方建立历史地段的授权是通过1992年的96号公共法，暨地方历史地段法(Public Act 96 of 1992, the Local Historic District Act)进行的。该地方历史地段法的目的可以定义为以下几方面：

● 通过保护地方的一个或一个以上的历史保护区，来保护地方的历史遗产，这些历史地段反映了地方的历史、建筑、考古、工程技术或文化特色。

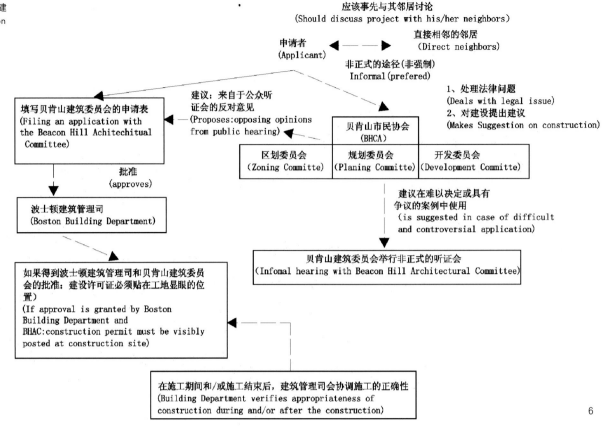

6. 贝肯山市民协会对区域内建筑改建申请程序的规定（材料来源：Beacon Hill Civil Association 1975, p.5）

- 巩固并提高每个历史地段和周边区域的财产价值
- 美化城市
- 加强当地经济
- 州和地方的市民教育与福利

该地方历史地段法授权地方政府施行以下几方面的职能：

- 历史保护区的建立
- 以历史保护为目的，获取一定资源
- 在历史保护区中对历史和非历史的资源的保护
- 历史保护区委员会的建立
- 保存地方拥有的公共资源
- 在一定的条件下做出一定的财产评估
- 制定程序
- 制定补偿和惩罚[5]

该地方历史地段法的一些相关条例说明了州政府是如何授予地方区域保护权力的。

历史地段研究委员会

在建立历史地段之前，当地的立法主体应该任命一个历史地段研究委员会。委员会中的大多数成员应该明确地对保护感兴趣或拥有历史保护的知识，并且委员会应该有一个或几个当地历史保护组织的代表。委员会应该做到所有以下的事项：

- 遵循密歇根历史局（Michigan Bureau of History）建立或许可的程序，在每个计划的历史保护区内列出一个附有照片的资源目录清单。
- 对每个计划历史地段和地段内的历史资源进行基础研究。
- 确定在计划历史地段内历史和非历史资源的数量，并确定历史资源所占的比例。
- 准备一份初步的历史地段研究委员会报告[6]。

关于历史地段保护委员会的建立，地方历史地段法进一步进行了说明：

地方的立法主体可以通过法令建立一个历史保护委员会……委员会的每一位成员应该在该地居住……成员应当是由……市长（或镇区主管、村长，或地区委员的主席）任命的。委员会……如果成立，那必须有一位成员是公认的建筑院校毕业的[7]。

三、历史地段范围的确定

与任何区域边界的确定一样，历史地段也要根据一定标准和外部环境来确定最终的保护边界。一方面，历史保护区域应当有一定比例的历史建筑，形成一定的连续性和历史与文化特征；另一方面，自然环境、社会因素及城市的布局也要被考虑在内。影响历史地段范围的主要方面包括历史因素、视觉因素、城市环境因素以及社会与经济因素等等，历史地段范围的确定往往受到其中一种或多种因素的影响：

- 历史因素：

依据城市历史上形成的界限，例如早期殖民地和建城的边界，来作为划定历史地段的依据，历史规划和文献的研究可以作为相关参考。这一类的历史地段有安纳波利斯（Annapolis）、学院山（College Hill）、哈利斯维尔（Harrisville）、普尔曼（Pullman）、圣胡安（San Juan）、Vieux Carré 等。

早期很多历史地段的划定并无明显的视觉界限，而是通过对历史档案的研究，划定历史建筑和场地相对集中的区域。这一类的历史地段有查尔斯顿(Charleston)、杰克逊维尔(Jacksonville)、西雅图的先锋广场(Pioneer Spuare)等等。

- 视觉因素

通过建筑遗产和历史场所测绘定义区域边界，这些测绘往往被作为官方规划文件或是区划条例的依据。例如查尔斯顿、圣路易斯的拉法叶特广场(Lafayette Square)、得克萨斯的卡尔维森(Galveston)、圣塔菲(Santa Fe)等等。

在一些城市中，也利用城市阶段性发展造成的视觉边界来确定历史地段，例如波士顿的贝肯山。

在一些地区，历史地段的特征来源于其地形特点，因此地形的边界成为确定历史地段的主要因素。例如波士顿的贝肯山、华盛顿的乔治敦等。或者由于区域本身较为孤立，并有明显的入口，如俄亥俄州哥伦布斯的德国村(German Villlage)。

- 城市环境因素

交通线路（主要道路、铁路、高架路、以及穿越城市的高速路等）、公共空间、河流等城市中的外界因素也会被用来作为历史地段的边界。

- 社会和经济因素

有时地方历史地段的界定会受到州和联邦的其他计划的干扰，一些大的社会机构和社区组织有时会抵制将其产业划入历史地段，此外还会受到地区发展的经济压力和居民的收入情况等社会经济因素的影响。

最终地方将以下的信息提交给州历史保护办公室(SHPO)办事处，以获得批准：

- 对考虑该区域作为历史保护区域原因的书面陈述，包括对其历史重要性的论述。
- 用相应地图表示提议的保护区域边界，同时具备边界位置的合法证明。
- 对有助于体现保护区域历史特征的建筑和不体现该区域历史特性的建筑相比较，计算其百分比，并用地图表示各种建筑的位置。
- 对区域内个体建筑及建筑群的描述，包括对建筑风格的描述。
- 重要的历史结构和典型的街道景观照片。

四、历史地段的规划控制与设计引导

历史区域保护是依托区域规划来进行的。一方面，历史地段的区划条例是该地区历史遗产保护的法律依据；同时，区域规划中的一些具体措施和规划控制技术对历史保护的具体运行也有很大影响，例如曾经广泛应用的奖励区划(Incentive Zoning)和开发权转移(Transferable Development Right简称TDR)等。特别需要指出的是除了这些硬性的规划控制条例，设计导则(Design Guideline)作为一种弹性较大的，多途径的引导机制，在美国地方建筑遗产保护中发挥了巨大的作用。

五、地方建筑遗产保护中的市民参与

美国各地的历史地段保护都离不开市民的参与，市民参与是美国历史保护的特点之一，这与美国的市民社会传统有关。美国可以说是市民社会(Civil Society)的典型，市民社会作为一个实体独立于国家之外，一直是美国政治社会思想中一个重要的组成部分。在很多地方历史地段中，社区组织成为了重要的历史遗产保护力量。很多社区基金会对历史建筑保护提供经济援助；一些较为强势的社区组织对历史建筑的保护和旧建筑的改造有着明确的规定和建议，波士顿的贝肯山(Beacon Hill)即是典型的实例。图6是当地社区组织贝肯山市民协会对于建筑改造申请程序的规定。在美国社会中，社区不仅是一个空间领域，也往往是社会伦理和文化的一个基本单元，代表了居住的多样化差别。社区文化的形成在美国有着文化根源和历史传统，受到美国市民文化和清教主义传统特别是卡尔文主义的影响。

历史地段的建立始于20世纪30年代，在战后开始迅速发展。随着1966年美国《国家历史保护法》的颁布，"联邦——州——地方"的三级保护体系开始形成。地方历史地段作为最基础性的也是最为广泛的城市历史遗产保护方法，对当代美国建筑遗产保护起到了巨大的作用。与欧洲和亚洲的一些国家不同，美国的建筑遗产保护是在国家体系的构架和统一标准下，由各地方自下而上展开的，这造成了各地历史保护的具体措施有所不同，但也保证了地方特点和市民利益得到充分考虑。

参考文献

[1] William J. Murtagh, Keeping Time: The History and Theory of Preservation in America, Main Street Press, 1988

[2] Norman Tyler, Historic Preservation, a Introduction of Its History, Principles, and Practice, W. W. Norton & Company, 2000

[3] Karolin Frank, Patricia Petersen, Historic Preservation in the USA, Springer, 2002

注释

1. 室外博物馆起源于北欧，比较著名的是瑞典斯德哥尔摩的斯堪森(Skansen)，建立者是阿托·哈左勒斯(Artur Hazelius)。他将很多历史建筑集中一处，除建筑保护外还有游园与历史教育的功用。这一模式在20世纪初传入美国并发展迅速，较著名的实例有威廉斯堡(Colonial Williamsburg)、绿野村(Greenfield Village)、老斯特桥村(Old Sturbridge Village)、鹿野(Deerfield)等。

2. William J. Murtagh, Keeping Time: The History and Theory of Preservation in America, Main Street Press, 1988

3. 同上。

4. Zoning Ordinance of the City of Charleston, Sections 42~46, Art. X, 1931.

5. Norman Tyler, Historic Preservation, a Introduction of Its History, Principles, and Practice, W. W. Norton & Company, 2000, P.67.

6. 同上。

7. 同上。

作者单位：同济大学建筑与城规学院

通过建造学习建筑
——Studio 804的建筑实践
Learning Architecture through Building
Architectural Practice of Studio 804

范肃宁 Fan Suning

"丹·罗克希尔和他的工作室建立起了一个坚实的解放阵线，与当今鄙视高品质、具有灵活性经济性的建筑方案的社会主流建筑思想完全对立。他们的兴趣在于通过建筑手段，用类型学方法解决场所与建筑景观自然之间的关系"。

Studio804是美国堪萨斯大学建筑规划设计学院承办的设计团队，由堪萨斯大学教授丹·罗克希尔（Dan Rockhill）负责。它为学生们提供一个设计并亲手建造低造价节约型住宅的机会，他们的所有作品都是在短短五个月内完成的。工作室是建筑学院三年级的研究生获得专业硕士学历的最后一个实践环节。在实践中，同学们联合起来共同将节约型低造价住宅的设计方案付诸实践。

很多人认为Studio804是全美国乃至全世界最优秀的"设计兼建造"建筑教育组织，对当今现有的建筑教育体制提出了质疑和挑战。是世界建筑奖（World Architecture Awards）的候选人，并多次获得其他各种建筑奖项。罗克希尔教授于1995年设立该工作室，作为提供建造实践的非赢利性社团。他本人也因此于2002年丹佛获得美国设计建造协会教育奖。

Studio804每年完成一个项目。首先，工作室会安排一个预备性的小学期，期间同学们对与组装建筑相关的一些问题，如预制化建筑等，进行讨论和研究。随后是较为严谨的设计阶段，同学们将自己的想法和理念表达出来，如示意性的图纸、概念性的草模以及计算机渲染图等。

接下来便是建筑的实施建造阶段。普通的住宅建造过程在这里被压缩到了五个月，让学生有机会参与经历设计建造的整个过程。除了需要注册资质的专业（如：电气、给排水、空调等）外，其他每个设计建造的环节都是由学生完成的。这紧张的五个月时间学生们获得了宝贵的业务实践经验，学校提升了形象，展示了其特色，而社区则得到了迫切需要的住房。"在实践中学习"在建筑院校中并不罕见，值得一提的是该项目所展示的慈善性成果。

1998年，Studio804完成了他们的第一栋建筑，这是为堪萨斯州劳伦斯市的社区建造的。劳伦斯市的住宅与社区发展部用社区发展基金资助了该项目。工作室绝大多数的项目都使用可再生、再利用的材料。例如1998年的项目中，室内的地板是一个VFW的礼堂原本打算扔掉的废品，而门廊则是原来的工业储藏库的用料。

2004年工作室的项目是一个预制化住宅。该独立住宅由预制的模数单元组成，不但能够获得平面布置的灵活性，而且其造型也能够适应场地的改变和用户的个性化需求而进行改变。最终的房子由五个尺寸相同、但功能不同的模数单元组成。简洁的造型、低维护成本和节能设计技术带来了建筑的经济性。

1. Studio 804的成员们
2. Studio 804的同学们用胶合板和回收利用的材料建造体量
3.4.5. 同学们正在辛苦努力地工作
6. 216号住宅外墙奥古曼板的拼装
7. 1603号住宅外墙

　　同学们选择铁线子（一种产自巴西的硬质木材）为室外的木墙面和木地板。这种木材木质坚硬而且不易腐烂，其耐火等级为A级，大致相当于钢材和混凝土。在自然状态下，铁线子木材呈棕红色，但是经过一段时间的风蚀之后就会变为浅灰色。同学们十分喜爱这种木材的原始色，因此为了保护木材不变色，他们在其表面涂刷了一层清漆，希望木材能够保持10～15年不变色。12英尺宽60英尺长的室外地面用1英寸宽2英寸长的木条通铺。木条边角被切割成斜角，并用不锈钢木螺丝订装成立方体木百叶框架，将落水管和排水沟遮蔽起来。

　　一层连续的橡胶隔膜包裹了整个建筑的屋面和外墙，成为建筑的外防水系统，也被木百叶遮掩了起来。而室内，预制的木桁架支撑起地板和屋顶，创造出一种方盒子大空间的空间效果，取代了室内的承重墙。建筑层高达到9m。学生们还选用了另外一种经济性材料——具有径切纹理的竹子作为首层的地面材料，它的外观干净坚挺，有些像淡棕色的枫木效果。

　　2004年Studio 804的项目是堪萨斯大学建筑规划设计学院和两个堪萨斯城市非赢利性社区发展机构——城市发展部（City Vision Ministries，简称CVM）和罗斯戴尔开发协会（Rosedale Development Association，简称RDA）——共同合作完成的。学生们负责建筑的设计和施工阶段。而CVM和RDA则负责材料费，提高场地和基础建设资金，以及与堪萨斯市的社区和市政的协调工作。这栋建筑自建成以来不断获得国际赞誉和多种奖项。而最知名的就是建筑杂志（Architecture Magazine）2004年年度住宅奖和2004年国际木建筑设计奖，并被评为2004年度突出创新建筑。

　　预制化建筑虽然不是什么新鲜事物，但是却日渐成为经济可行的住宅发展方向。因为它的设计和建造过程都具有很强的灵活性，而且住户也获得了经济但不失个性化的房屋。

　　在"模数化壹号住宅"于2004年春成功建成之后，工作室对继续开展预制建筑充满了浓厚的兴趣和极大的热情，于是便有了坐落于罗斯戴尔社区肖尼路的"模数化贰号住宅"。社区中周边环境的建筑物沿一条山脊错落排列，且多为折衷主义风格，向北远望堪萨斯城。

　　在获得了众多的建筑奖项之后，Studio 804仍然执著于研究和发展经济性住宅的创新解决方法，并努力提升低造价住宅方案的设计品质和城市规划措施。他们的研究通过批评性地检验现有普通住宅的舒适性标准，以创造比普通住宅更加节约空间的经济住宅。除此之外，工作室还一直不断地提出我们当今的住宅市场所面临问题的合理的解决方案。

8. 建筑背面外观
9. 建筑正面入口外观
10. 建筑南面外观
11. 屋架细部

216号作品 2000年建成
美国堪萨斯州劳伦斯市

这是工作室的第一栋建筑,设计者将建筑地坪从凹地地坪向上提升,以便于进入。除了盥洗室使用回收利用的橡胶轮胎作为防水地面外,120.8m² 的地面均铺砌竹地板。外墙面的材料为奥古曼板(Okume),一种在船只构筑物中使用的材料。盥洗室和车库室内屋顶则使用的是回收的铝板。

1603号作品 2001年建成
美国堪萨斯州

这栋建筑位于堪萨斯州的劳伦斯自由大街,完成于2001年。它包括3间卧室,2间盥洗室,并且将无障碍设计贯穿整栋建筑内部的所有活动区域。此外学生们还决心设计一栋节能经济、利用太阳能的社区型建筑。

最终的作品面积为139.35m²,首层为两间出租用房卧室,上方的阁楼夹层空间中也是一间卧室,联系的交通工具为一组楼梯和一个升降椅。二层为屋主和保姆的卧室和盥洗室。

"生命的窗"是这栋建筑的设计理念,窗的设计贯穿整栋建筑。室外的百叶窗为木制,白天阳光透过其射进室

内，夜晚则在室外形成迷人的光线效果。两个盥洗室上下重叠放置，这样可以节省管道设施，而盥洗室外侧则使用钢板和半透明聚碳酸酯板遮盖，从而在建筑中心部位形成了夺目的巨窗造型，并为室内空间增添了活力。"遮蔽与暴露"这一概念既将学生们原来的理念进行了升华，同时又能够很好地实现。

从一开始，以传统和非传统两种方式来运用经济型材料就是Studio 804的主要目的。例如，从以前的冷却塔上回收利用的红木百叶就被用来作为建筑外立面上的遮阳格栅。建筑地面的材料也是学生们从北堪萨斯社区中心的篮球场回收的废弃枫木地板。建筑的外墙面则使用不需任何维护的耐候钢板(Corten Steel)。在住宅的建造过程中，所有材料的潜质都得到了充分的发挥。例如，浇筑混凝土的模板也被重新用作建筑框架。建筑的最终成果包含学生们设计和建造的令人满意的成就，并在学术和实践之间达成了平衡。他们为此付出的努力，加上建造过程中存在的各种无法估计的因素，都使其成为一项艰巨的任务。这其中的辛苦还包括协商资金和用地等问题，高度的客户专用化设计，以及为降低造价但又能形成特色的对材料和工艺的创造性探索。

通过该住宅的建造，研究生将学术理论与工艺实践结合了起来，这在建筑院校的教育中是极为少见的。研究生们将带着这些同龄人很少有机会获得的实践经验和技术进入未来的建筑业界。

12.建筑北立面
13.遮阳板细部
14.15.建筑外观

壹号、贰号、叁号模数住宅
壹号模数住宅　2004年建成　美国堪萨斯州
贰号模数住宅　2005年建成　美国堪萨斯州
叁号模数住宅　2006年建成　美国堪萨斯州

现代主义风格的预制化装配建筑并不适合现在充满艺术气质的欧洲和加州人。但是丹·罗克希尔和他的工作室的预制房屋却有来自堪萨斯州的一长串订单，这证明现代主义的模数住宅在美国还是非常受欢迎的。Studio 804作为一个非赢利性质的组织至今为止已经完成了三栋这样的预制装配房屋。每栋房屋约111.5m²，由方便运输的六块3.05mX6.1m的分体块组成，它们在堪萨斯的一个工厂中进行制造，然后再运往现场。

自1995年开始，罗克希尔的学生们就开始用他们研究生在校的最后一学期研究设计并建造一栋房屋。前五栋房屋都是在城里建造的，但是市中心的地皮价格太高。罗克希尔说Studio 804建造的住宅更适合于想要居住在城市中的年轻人和中等收入的家庭。所以当堪萨斯城市发展部的负责人对他们的项目产生兴趣并希望合作时，罗克希尔欣然答应。"他们的目标是改造更新堪萨斯市那些发展水平较低的区域，这很适合我们的初衷。"但关键问题就是距离太远。"我不希望我的学生们在凌晨两点才能回家休息。所以我想我们应该有所改变。于是我想租一个车间建造模数化的住宅，然后再运到现场会行得通。"之后的发展证明了这一点。

16.17.18.壹号模数住宅外观
19.20.壹号模数住宅模数结构示意图
21.壹号模数住宅平面
22.壹号模数住宅局部剖面
23.壹号模数住宅外墙详图

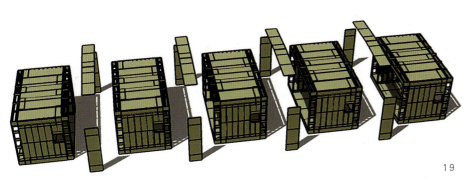

19

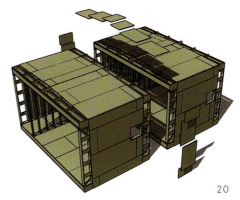

20

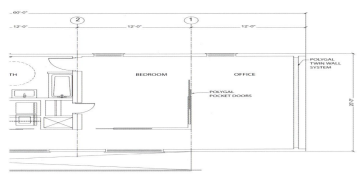

21

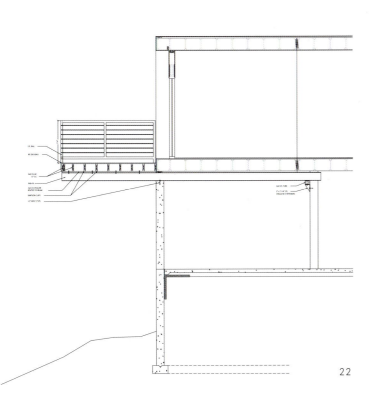

22

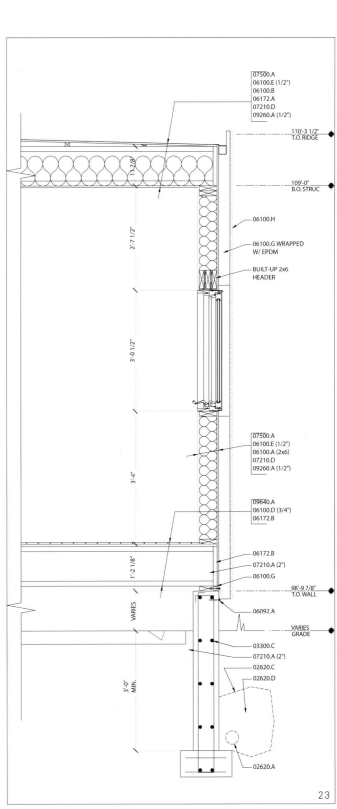

23

壹号模数住宅

studio 804与城市发展部合作，希望将这个区域由原来的贫民窟变为一个有价值的建筑项目。"我对旧城区的改造充满浓厚的兴趣"，罗克希尔说。壹号模数住宅是一栋两个卧室围绕一个设备核心筒的简单房屋。屋内地面为竹地板，外墙的材料为回收利用的铝板和巴西硬木。

studio 804设计的这一独立住宅是由预制的模式化单元组成的，不但平面组合灵活，能够适用于各种变化的环境地形，而且易于配合室内布置以满足住户的使用偏好和需求。

最终完成的建筑由五个大小相同、功能各异的模数单元组成。为了节约造价，建筑使用了简单的造型。其低成本也受益于经济节能的技术。我们可以通过看每周工作记录来详细了解项目的进展情况，尤其是第18周的记录能够让我们知道这些模块是如何拼装的。

studio 804在该项目中一如既往地进行低造价节能住宅的研究和革新设计方案，并努力提高低成本建筑设计和区域规划的品质和水平。通过认真研究人类居住舒适性的标准来创造更节能省地的住宅设计方案。

我们的目标是坚持为当今住宅建筑市场面临的问题提出可行的解决方案。其中包括可持续性、可实施性以及经济性。壹号模数化住宅就是为了满足所有这些要求而创作的一个可实施的建筑原型，它为未来的模数化住宅奠定了基础。壹号模数化住宅获得了加拿大木材协会的优秀建筑奖。

贰号模数住宅

在在了一次成功的经验后，Studio 804开始了他们的第二个预制装配住宅项目。这次的项目包括一个附属车库和三件卧室。同学们仍尽可能地使用回收的废弃材料。

贰号模数住宅坐落在露丝丹尔社区的肖尼路社区中，周边环境的建筑物沿一条山脊错落排列，且多为折衷主义风格，向北远望堪萨斯城。预制化建筑虽然不是什么新鲜事物，但是却日渐成为经济可行的住宅发展方向。因为它的设计和建造过程都具有很强的灵活性，而且住户也获得了经济但不失个性化的房屋。

叁号模数住宅

经过艰辛的困苦与成功并存的20周，叁号模数住宅终于在2006年的夏季完成了。

叁号模数住宅位于历史化的草莓山街区滨河路。Loft风格的建筑位于基地的最高点，从地面到顶棚的大视野开窗，提供了欣赏堪萨斯城市天际线的机会。建筑造型和选址的戏剧性完全由其外覆层——外墙面和悬挑楼梯上垂直的道格拉斯冷杉木板条以及波形铝板——所决定。大面积的玻璃窗与入口处醒目的楼梯线条相呼应，展示了粗犷造型与精致细部的结合美。

室内空间中充满光线——但总是均匀漫射，一点儿也不刺眼。在清晨，阳光穿过东侧高高的树林洒在厨房和起居室，斑驳的光影模糊了室内与室外空间的界限。再加上设计建造者对细节和质朴风格的追求，展示出一种强烈的现代主义风格。

本住宅还十分关注节能经济和可实施性的问题。用可再生利用的木纤维材料覆盖墙面、地板、顶棚进行保温隔热——这比用标准的工业玻璃纤维好很多倍。巨大的玻璃窗上夜间可调节的保温隔热装置保证了起居室空间的舒适性。此外为了降低从外地运输材料所消耗的燃料能源，建筑选用了一种来自当地的覆层材料，并用价格低廉的UV／水密封剂来做保护层。

最终，叁号模数住宅探索的问题超出了预制建造的范围。它探索了预制化所具有的潜力：方便、可靠、美观。叁号模数住宅中充满活力的空间向我们展示：建筑可以如此自由地游走在有形与无形之间。

"预算、谈判、调研、亲自建造——对建筑来说，这些都是极其重要的事"，罗克希尔说。他允许学生们"讨要、借用、拾捡，必要时可能要使用眼泪"来获得各种能够使用的材料。"这些孩子们在与城市权威作战，我们最大的敌人就是堪萨斯城市的规划者，他们是憎恨现代主义建筑的。"出于对这些目光短浅的城市控制者的憎恶，Studio 804总是在房屋建造完成之前，找到喜爱他们工作的人，并将房子卖给他。"我知道我们所对应的市场，有这些理解我们、和我们一路同行的合作者，我们感到无比幸运"，罗克希尔说。他现在正努力改变学校的课程安排，试图将实习学期由现在的半年变为一年。"这是学生们艰苦的建筑职业生涯的开始，他们将在现实世界中学习并创造建筑。"

作者单位：北京市建筑设计研究院

24.25.在车间制造壹号模数住宅模块
26.壹号模数住宅的模块运输
27～32.壹号模数住宅的模块吊装过程
33.贰号模数住宅外观
34.叁号模数住宅入口外观
35.叁号模数住宅东侧外观
36.叁号模数住宅南侧外观
37.叁号模数住宅厨房内景
38～42.叁号模数住宅施工吊装过程

第十二届中国国际建筑建材贸易博览会
The 12th China International Exhibition for Building Materials, Building System, Construction Machinery & Architecture

时间：2007年5月10日–13日
地点：北京展览馆
Date: May 10-13, 2007
Venue: Beijing Exhibition Center

同期举办 Concurrent Exhibitions

 第六届中国（北京）国际绿色建材展览会
The 6th Beijing International Green Building Materials Exhibition

北京建博会（原在国展3月份举办）将移师北展
2007年5月在北京展览馆隆重举行

主办单位 Organizers
 中国建筑材料工业协会
China Building Materials Industries Association
 中国国际贸易促进委员会建筑材料行业分会
CCPIT Building Materials Sub-council
国家建筑材料展贸中心
China National Building Materials Exhibition & Trade Center

海外支持 Overseas Supporters
美国驻华大使馆
Embassy of the United States of America
印度建筑商协会
Builder's Association of India

首要支持媒体

特别支持媒体

主办单位联系方式 Contact
Tel: (010) 88365650 / 51 / 52
Fax: (010) 88365650
Email: cb@chinabuilding.org
http://www.chinabuilding.org

中国北方建材大展